DEUTSCHE DEMOKRATISCHE REPUBLIK
DEUTSCHE AKADEMIE
DER LANDWIRTSCHAFTSWISSENSCHAFTEN ZU BERLIN

ARCHIV FÜR GEFLÜGELZUCHT UND KLEINTIERKUNDE

Begründet als „ARCHIV FÜR GEFLÜGELKUNDE"
im Jahre 1926 von JAN GERRIETS

AKADEMIE-VERLAG · BERLIN

1965 · 14. BAND

Das Archiv für Geflügelzucht und Kleintierkunde erscheint in Heften mit einem Umfang von je 4 Druckbogen (64 Seiten). Die innerhalb eines Jahres herausgegebenen 6 Hefte bilden einen Band. Das letzte Heft eines Bandes enthält Inhalts-, Autoren- und Sachverzeichnis.

Der Bezugspreis je Heft beträgt 5,– MDN.

Die Schriftleitung nimmt nur Manuskripte an, deren Gesamtumfang 25 Schreibmaschinenseiten nicht überschreitet und die bisher noch nicht, auch nicht in anderer Form, im In- oder Ausland veröffentlicht wurden. Jeder Arbeit ist eine Zusammenfassung mit den wichtigsten Ergebnissen (nicht länger als 20 Zeilen), wenn möglich auch in russischer und englischer bzw. französischer Sprache, beizufügen. Gegebenenfalls erfolgt die Übersetzung in der Akademie.

Manuskripte sind zu senden an den Chefredakteur Dr. JOACHIM ENGELHARD, Inst. f. Geflügelzucht Rottenau der Deutschen Akademie der Landwirtschaftswissenschaften zu Berlin, 3404 Rottenau, Post Loburg.

Die Autoren erhalten Umbruchabzüge zur Korrektur mit befristeter Terminstellung. Bei Nichteinhaltung der Termine erteilt die Redaktion Imprimatur.

Für jede Arbeit werden unentgeltlich 100 Sonderdrucke geliefert. Das Honorar beträgt 40,– MDN je Druckbogen und schließt auch die Urheberrechte für das Bildmaterial ein. Dissertationen, auch gekürzte bzw. geänderte, werden nicht honoriert.

Verlag Akademie-Verlag GmbH, Berlin W 8, Leipziger Straße 3–4, Fernruf 220441. Telex-Nr. 011773. Postscheckkonto Berlin 35021. Bestellnummer dieses Verzeichnisses 1041/14.

Veröffentlicht unter der Lizenznummer 1277 des Presseamtes beim Vorsitzenden des Ministerrates der Deutschen Demokratischen Republik.

Gesamtherstellung: VEB Druckerei „Thomas Müntzer" Bad Langensalza.

Inhaltsverzeichnis

Buchbesprechungen

Autorenverzeichnis

Sachverzeichnis

DEUTSCHE DEMOKRATISCHE REPUBLIK
DEUTSCHE AKADEMIE
DER LANDWIRTSCHAFTSWISSENSCHAFTEN ZU BERLIN

ARCHIV FÜR GEFLÜGELZUCHT UND KLEINTIERKUNDE

AKADEMIE-VERLAG · BERLIN

THEORIA CUM PRAXI

1965 · 14. BAND · HEFT 1

Das Archiv für Geflügelzucht und Kleintierkunde erscheint in Heften mit einem Umfang von je 4 Druckbogen (64 Seiten). Die innerhalb eines Jahres herausgegebenen 6 Hefte bilden einen Band. Das letzte Heft eines Bandes enthält Inhalts-, Autoren- und Sachverzeichnis.

Der Bezugspreis je Heft beträgt 5,— MDN.

Die Schriftleitung nimmt nur Manuskripte an, deren Gesamtumfang 25 Schreibmaschinenseiten nicht überschreitet und die bisher noch nicht, auch nicht in anderer Form, im In- oder Ausland veröffentlicht wurden. Jeder Arbeit ist eine Zusammenfassung mit den wichtigsten Ergebnissen (nicht länger als 20 Zeilen), wenn möglich auch in russischer und englischer bzw. französischer Sprache, beizufügen. Gegebenenfalls erfolgt die Übersetzung in der Akademie.

Manuskripte sind zu senden an den Chefredakteur: Dr. JOACHIM ENGELHARD, Institut für Geflügelzucht Rottenau der Deutschen Akademie der Landwirtschaftswissenschaften zu Berlin, 3404 Rottenau, Post Loburg.

Die Autoren erhalten Umbruchabzüge zur Korrektur mit befristeter Terminstellung. Bei Nichteinhaltung der Termine erteilt die Redaktion Imprimatur.

Für jede Arbeit werden unentgeltlich 100 Sonderdrucke geliefert. Das Honorar beträgt 40,— MDN je Druckbogen und schließt auch die Urheberrechte für das Bildmaterial ein. Dissertationen, auch gekürzte bzw. geänderte, werden nicht honoriert.

Verlag: Akademie-Verlag GmbH, 108 Berlin 8, Leipziger Straße 3—4, Fernruf: 220441. Telex-Nr. 011773. Postscheckkonto: Berlin 35021. Bestellnummer dieses Heftes: 1041/14/1.

Veröffentlicht unter der Lizenznummer 1277 des Presseamtes beim Vorsitzenden des Ministerrates der Deutschen Demokratischen Republik.

Gesamtherstellung: VEB Druckerei „Thomas Müntzer" Bad Langensalza.

DEUTSCHE DEMOKRATISCHE REPUBLIK
DEUTSCHE AKADEMIE
DER LANDWIRTSCHAFTSWISSENSCHAFTEN ZU BERLIN

ARCHIV FÜR GEFLÜGELZUCHT UND KLEINTIERKUNDE

Begründet als „ARCHIV FÜR GEFLÜGELKUNDE"
im Jahre 1926 von JAN GERRIETS

AKADEMIE-VERLAG · BERLIN

1965 · 14. BAND · HEFT 1

Inhalt

Aus dem Zoologischen Institut der Technischen Universität Dresden (Direktor Prof. Dr. U. SEDLAG) und dem Parasitologischen Labor (Leiter Dr. L. HOHNER) des Veterinäruntersuchungs- und Tiergesundheitsamtes Karl-Marx-Stadt (Komm. Direktor: Dr. L. SCHNEIDER)

GÜNTHER LASCH

Untersuchungen über Hühnermallophagen im Bezirk Karl-Marx-Stadt

Eingegangen: 6. 7. 1964

1. Einleitung

Die Mallophagen sind eine der wenigen Tiergruppen, von denen auch in Deutschland noch laufend neue Arten, ja sogar neue Gattungen entdeckt werden. Obwohl KÉLER in seiner „Bibliographie der Mallophagen" im Zeitraum von 1915 bis 1956 allein 413 deutschsprachige Arbeiten über Mallophagen verzeichnet, muß diese Tiergruppe noch als relativ wenig erforscht und vernachlässigt bezeichnet werden. Das gilt sowohl in faunistischer Hinsicht als auch in bezug auf die wirtschaftliche Bedeutung. Daß seitens der Veterinärmedizin den Helminthen und einigen Protozoengruppen im allgemeinen mehr Beachtung geschenkt wird als vielen Ektoparasiten, erscheint bis zu einem gewissen Grade verständlich, da jene meist eine bedeutendere Schadenswirkung entfalten. Die wirtschaftliche Bedeutung der Mallophagen ist jedoch in Anbetracht ihrer Verbreitung und Häufigkeit ebenfalls keineswegs zu unterschätzen, wie in einem Abschnitt der vorliegenden Arbeit ausgeführt wird.

Die vorliegende Arbeit hat folgende Zielstellung:

1. In faunistischer Hinsicht wird die Anzahl der im Bezirk Karl-Marx-Stadt vorkommenden Mallophagenarten am Haushuhn und ihre Häufigkeit zu ermitteln versucht.
2. Die Ursachen für den Mallophagenbefall und den Verseuchungsgrad unter den Bedingungen der modernen Geflügelhaltung, die für die Landwirtschaft und Veterinärmedizin von Interesse sind, werden festgestellt.
3. Wirksamkeit und Zweckmäßigkeit der zur Zeit in der Praxis üblichen Bekämpfungsmittel und Bekämpfungsmethoden werden untersucht. Auf Grund der Untersuchung können neue Wege zur Beseitigung dieser Parasiten gezeigt werden.

Die letzte zusammenfassende Arbeit über Hühnermallophagen in Deutschland stammt von HOHORST aus den Jahren 1938/39 und bezieht sich auf tot eingesandte Haushühner aus verschiedenen Teilen Mitteldeutschlands und auf Bestände von wissenschaftlichen Laboratorien. In dem Vierteljahrhundert, das seitdem vergangen ist, haben sich tiefgreifende ökonomische Umwälzungen vollzogen, sind die Kontaktinsektizide eingeführt worden und können sich auch faunistische Veränderungen ergeben haben.

2. Zur Biologie und Taxonomie der Mallophagen im allgemeinen und der Hühnerfederlinge im besonderen

Mallophagen sind kleine bis sehr kleine, dorsoventral abgeplattete, lausähnliche Insekten, welche als stationäre permanente Ektoparasiten an Vögeln und Säugetieren leben. Nach ihrem Vorkommen unterscheidet man „Federlinge" und „Haarlinge" als ökologische Gruppen.

Wie die echten Läuse, mit denen die Mallophagen zur Ordnung der Phthiraptera (Tierläuse im weiteren Sinne) zusammengefaßt werden, sind die Mallophagen flügellose, hemimetabole Insekten. Von den saugenden Läusen oder Anopluren unterscheiden sich die Mallophagen (wörtlich „Wollfresser") vor allem durch die beißenden Mundwerkzeuge und den Kopf, der bei ihnen stets breiter als der Prothorax ist. Die Gestalt der Mallophagen ist recht unterschiedlich; neben schmalen, langgestreckten Formen gibt es breite, gedrungene. Ihre Größe schwankt zwischen 0,5 und 14 mm.

Die Extremitäten sind als Klammerbeine ausgebildet und verhältnismäßig kurz. Das erste Beinpaar nimmt eine Sonderstellung ein und dient bei der Nahrungsaufnahme zum Heranziehen von Federteilchen. Das zweite Tarsenglied trägt eine oder zwei Krallen. Bei den Amblyceren trägt das erste Tarsenglied außerdem eine große Euplantula, wodurch es dem Parasiten ermöglicht wird, sich sowohl auf der Haut als auch zwischen den Federn gewandt zu bewegen.

Der Körper ist stark chitinisiert und artspezifisch beborstet. Das Integument ist derb lederartig, weshalb es kaum möglich ist, Mallophagen zwischen den Fingern zu zerdrücken.

Die Eiablage erfolgt das ganze Jahr hindurch, was durch das Mikroklima im Gefieder bzw. Haarkleid des Wirtes ermöglicht wird. Daß dieses von den Außentemperaturen beeinflußt wird, zeigen Quantitätsschwankungen der einzelnen Entwicklungsstadien in Abhängigkeit vom Jahresrhythmus. Die Eier oder Nissen der Federlinge sind weiß gefärbt und verhältnismäßig groß. Sie werden meist am Federschaft angekittet oder zwischen den Radii verankert. Die Eier sind oben stets mit einem Deckel versehen und artspezifisch geformt, so daß sie sich bestimmen lassen.

Die Metamorphose der Mallophagen ist eine Paurometabolie mit drei Larvenstadien. Die Dauer eines Larvenstadiums beträgt wie die Dauer der Eientwicklung normalerweise ein bis zwei Wochen und ist natürlich von der Temperatur abhängig. Die Larven sind den Imagines ähnlich und haben die gleiche Lebensweise. Larvenmerkmale sind die geringere Größe, schwächere Sklerotinisierung und Beborstung sowie der relativ größere Kopf, also ein anderes Kopf : Rumpf-Verhältnis. Nach der dritten Häutung sind die Larven erwachsen.

Die vorwiegende Ernährung von Keratinsubstanzen ist so einseitig, daß es nicht verwunderlich ist, gerade bei den Ischnoceren, die nicht oder selten Blut aufnehmen, Endosymbiosen mit Bakterien oder Pilzen (Ascomyceten) zu finden. Ihre Bedeutung ist in der Lieferung von Ergänzungsnährstoffen, wahrscheinlich Vitaminen, zu suchen.

Mallophagen ernähren sich von Hornteilchen der Epidermis, der Federn oder Haare und vom Sekret der Talgdrüsen. Trotz ihrer beißenden Mundwerkzeuge können viele Mallophagen auch Blut aufnehmen, wobei der Ösophagus als Saugorgan wirkt. Sie sind dabei nicht nur auf Kratzwunden und Hautabschürfungen angewiesen, sondern können auch der unverletzten Haut Blut entziehen. Häufig ist dies bei vielen Amblyceren der Fall, bei denen die Mundwerkzeuge vorn am Kopf sitzen. Bei meinen Untersuchungen fand ich einen blutgefüllten Kropf bei *Eomenacanthus stramineus* häufig, bei *Menopon gallinae* seltener. Von den Hühnermallophagen nehmen weiterhin *Uchida pallidulus*, *Eomenacanthus cornutus* und *Cuclotogaster heterographa* ziemlich regelmäßig Blut auf, selten hingegen *Oulocrepis dissimilis*, *Stenocrotaphus gigas* und *Goniocotes hologaster*. Das Blut findet sich zunächst im Kropf und Darm als roter Faden neben der Keratinsubstanz. Die Zersetzung der Nahrung beginnt im Kropf und wird im Mitteldarm vollendet. — Mallophagen fressen auch ihre eigenen Eischalen und Larvenhäute; gelegentlich werden sogar die Leichen von Artgenossen angefressen.

Wird der Körper eines Wirtes gleichzeitig von mehreren Mallophagenarten besiedelt, dann halten die einzelnen Arten bestimmte Wohnbezirke ein und grenzen sich so gegenseitig ab. *Cuclotogaster heterographa*, die „Kopflaus" des Haushuhns, findet sich vorwiegend am Kopf und Hals der Hühner; *Eomenacanthus stramineus*, die „Körperlaus" des Huhns, läuft auf der Haut zwischen den Federn umher; *Menopon gallinae*, die „Schaftlaus" des Huhns, hält sich vor allem an den Federschäften in verschiedenen Körpergegenden auf. Im allgemeinen kommen träge Formen nur an solchen Stellen vor, die der Vogel mit seinem Schnabel nicht erreichen kann. Beweglichere Formen können sich durch die Flucht entziehen, sie besiedeln auch andere Bezirke. Es bestehen also gewisse Beziehungen zwischen Körperform, Lebensweise und Wohnbezirk.

Nach dem Tode des Wirtes kriechen viele Mallophagen an die Oberfläche des Gefieders; Amblyceren versuchen, vom erkalteten Körper des Wirtes abzuwandern, wenn ein wärmerer Gegenstand in der Nähe ist. Ich habe in einem Experiment untersucht, wie sich Mallophagen beim Erkalten des Wirtes verhalten (siehe speziellen Teil der Arbeit).

Der Tod des Wirtes bedeutet auch den Tod seiner Parasiten, wenn es ihnen nicht gelingt, einen neuen Wirt zu besiedeln. Ursache für das Absterben ist in erster Linie die fehlende Körperwärme. Deshalb gehen Federlinge von einem toten Vogel auch auf den Menschen über (Anwendung als Fangmethode: Hand einige Sekunden ins Gefieder halten), können sich hier aber im allgemeinen nur einige Stunden am Leben halten.

Da nach dem Tode des Wirtsindividuums die Arterhaltung seiner Mallophagen im Normalfalle nicht gewährleistet ist, erhebt sich die Frage nach der Übertragung von Federlingen:

1. Eine Hauptrolle bei der Verbreitung von Mallophagen spielt die Kopulation der Geschlechtspartner. Ich fand bei meinen Untersuchungen die Hähne stärker befallen als die Hennen.

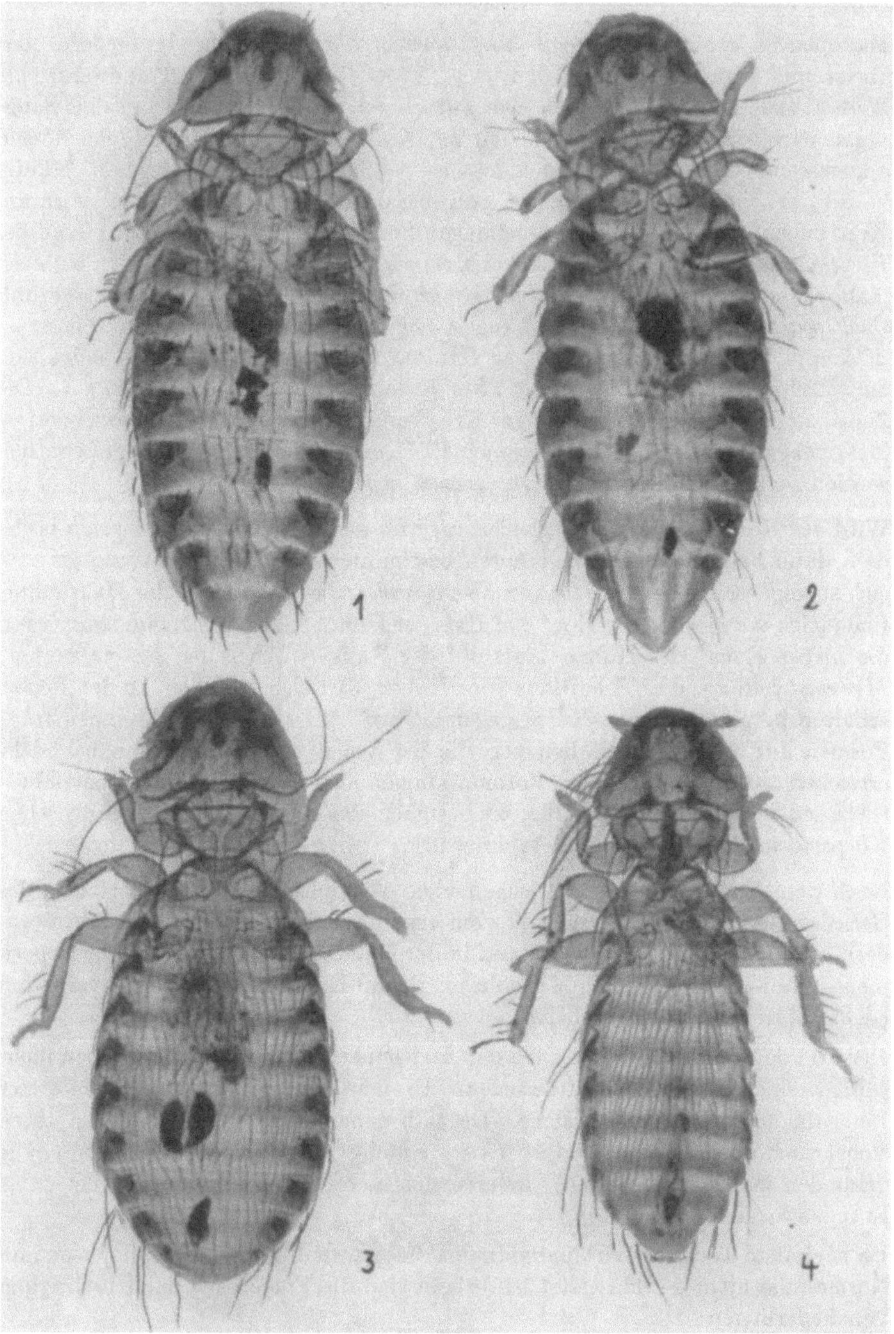

Abb. 1: *Menopon gallinae*, Männchen, 45fach vergrößert
Abb. 2: *Menopon gallinae*, Weibchen, 45fach vergrößert
Abb. 3: *Uchida pallidulus*, Weibchen, 45fach vergrößert
Abb. 4: *Eomenacanthus cornutus*, Männchen, 45fach vergrößert

2. Bei koloniebrütenden oder gesellig lebenden Vögeln ist eine Übertragung durch direkten Kontakt leicht möglich. Das wird durch Häufigkeitsuntersuchungen an Kleinvögeln bestätigt, bei denen gefunden wurde, daß die Individuen gesellig lebender Arten häufiger von Federlingen befallen sind.
3. Altvögel können Mallophagen auf ihre Nestjungen übertragen.
4. Phoresie von Mallophagen durch Lausfliegen ist beobachtet worden. Allerdings heften sich die Federlinge wahllos an alle Tiere an, die sie erreichen können. Sie wurden sogar an Libellen festgestellt.
5. Nach den Untersuchungen von HOYLE (1938) können Sperlinge Federlinge in andere Geflügelbestände übertragen, wie für *Menopon gallinae* und *Cuclotogaster heterographa* nachgewiesen wurde.
6. *Eomenacanthus stramineus* und *Menopon gallinae* sollen sich auch auf Sitzstangen von Hühnern finden; in diesem Falle wäre also eine Übertragung ohne direkten Kontakt möglich.

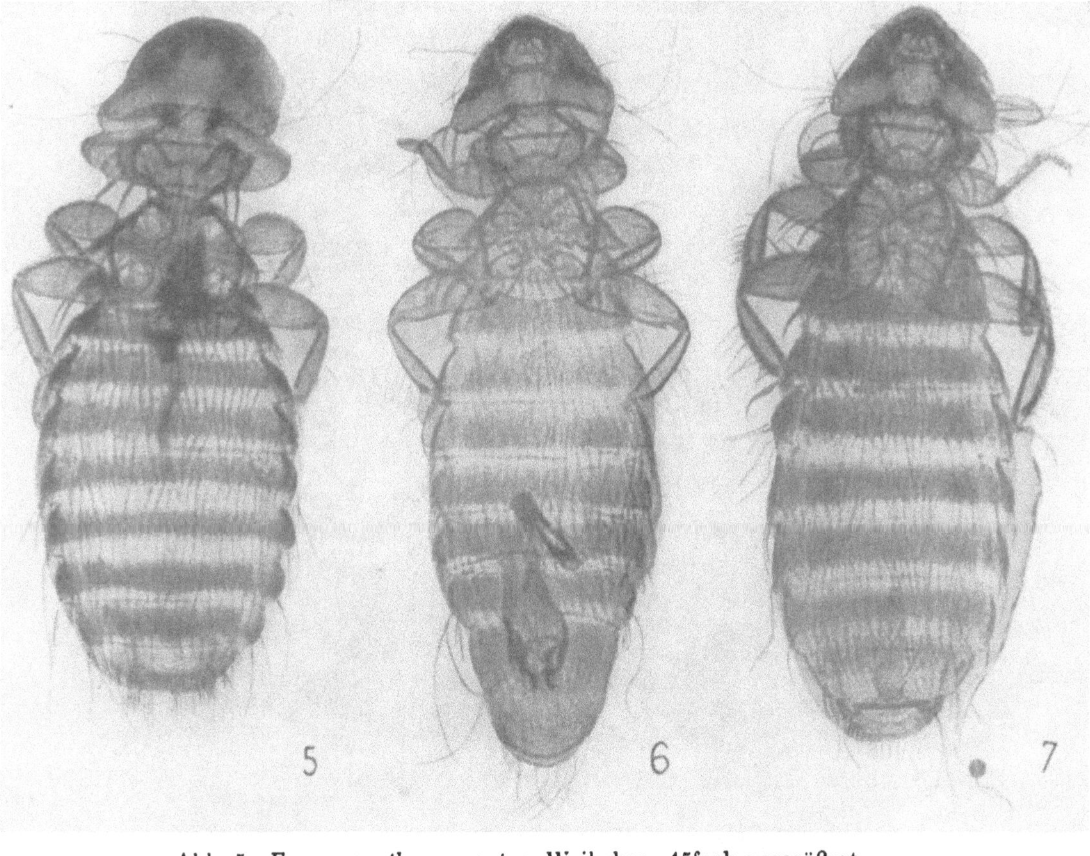

Abb. 5: *Eomenacanthus cornutus*, Weibchen, 45fach vergrößert
Abb. 6: *Eomenacanthus stramineus*, Männchen, 35fach vergrößert
Abb. 7: *Eomenacanthus stramineus*, Weibchen, 35fach vergrößert

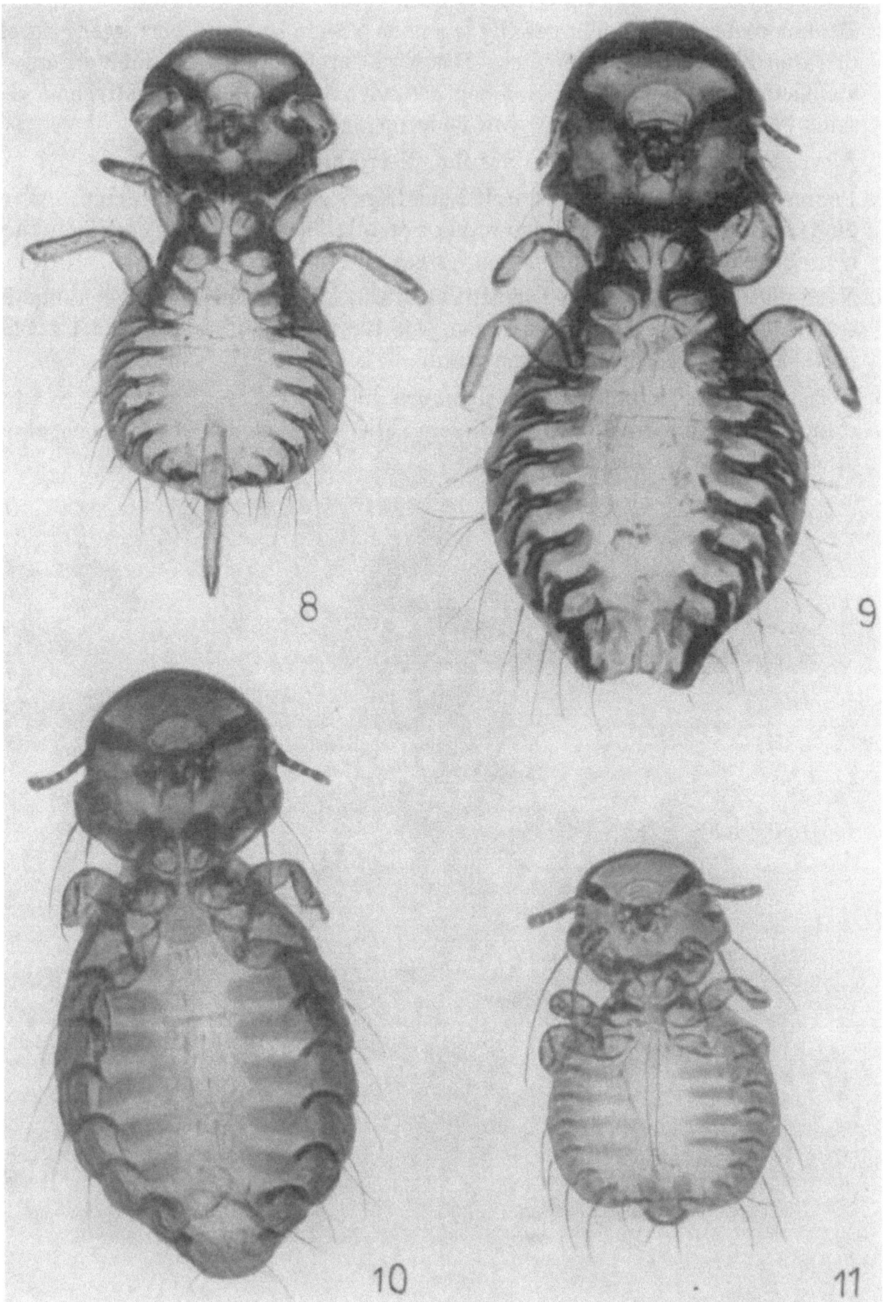

Abb. 8: *Oulocrepis dissimilis*, Männchen, 30fach vergrößert
Abb. 9: *Oulocrepis dissimilis*, Weibchen, 30fach vergrößert
Abb. 10: *Goniocotes hologaster*, Weibchen, 55fach vergrößert
Abb. 11: *Goniocotes hologaster*, Männchen, 55fach vergrößert

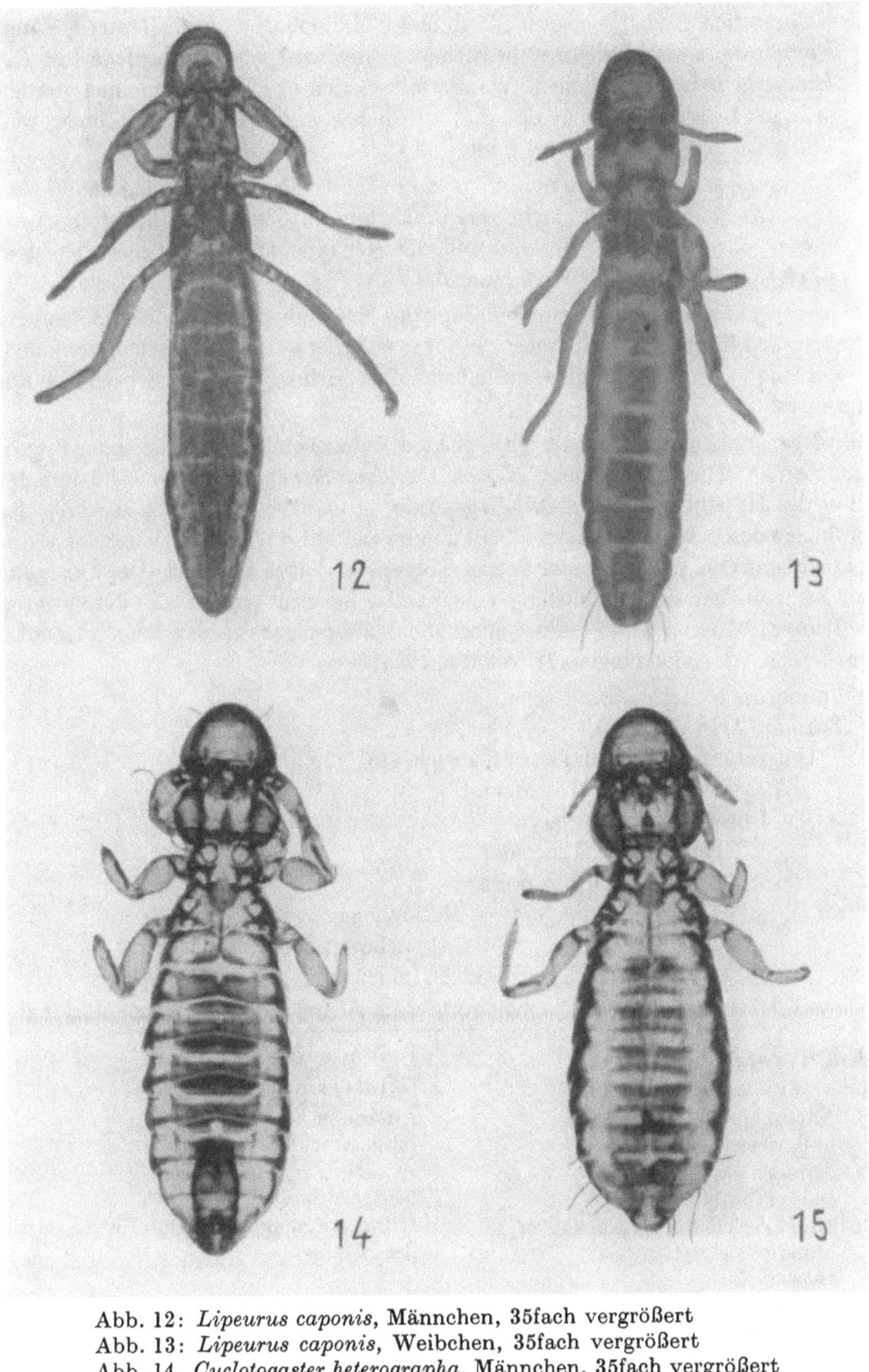

Abb. 12: *Lipeurus caponis*, Männchen, 35fach vergrößert
Abb. 13: *Lipeurus caponis*, Weibchen, 35fach vergrößert
Abb. 14. *Cuclotogaster heterographa*, Männchen, 35fach vergrößert
Abb. 15: *Cuclotogaster heterographa*, Weibchen, 35fach vergrößert

7. Gelegentlich finden sich auf Raubtieren Mallophagen ihrer Beutetiere und werden dann als „Irrläufer“ bezeichnet. Dies wird vom Taubenfederling *Columbicola columbae* auf dem Wanderfalk berichtet. Im allgemeinen werden sich solche Irrläufer nicht dauernd auf dem neuen Wirt halten können, weil ihnen die arteigene Nahrung fehlt.
8. Übergang auf neue Wirte muß in gewissen Fällen aber doch angenommen werden. Maßgeblich dafür dürfte das ernährungsphysiologische Anpassungsvermögen des Parasiten einerseits und der Verwandtschaftsgrad zwischen dem alten und dem neuen Wirt andererseits sein.

Menopon gallinae, der häufigste Federling des Haushuhns wurde auch auf Tauben, Enten, Truthühnern, Perlhühnern, ja sogar auf Pferden und Menschen gefunden, wo er sich etwa ein Jahr gehalten haben soll (berichtet von RASCH nach NEVEU-LEMAIRE).

Phylogenetisch leiten sich die Mallophagen wahrscheinlich von nidicolen Copeognathen ab. Hierfür sprechen außer ökologischen Erwägungen unter anderem der Bau des Hypopharynx, des Ösophagealsklerits und die starke Rückbildung der Anhänge des Labiums. KÉLER (1960) nimmt an, daß sich daraus zuerst der Ektoparasitismus an Vögeln, später der an Säugetieren entwickelt hat. Der Übergang zu letzteren hat sich unabhängig voneinander bei Amblyceren und Ischnoceren vollzogen. Taxonomisch ordnet man die Mallophagen gegenwärtig folgendermaßen ein (in Anlehnung an H. WEBER, 1954):

Stammgruppe: Articulata
- Stamm: Arthropoda
  - Unterstamm: Antennata (= Eutracheata)
    - Klasse: Insecta (= Hexapoda)
      - Unterklasse: Pterygota
        - Überordnung: Psocoidea
          - Ordnung Phthiraptera
            - Unterordnungen: 1. Mallophaga
              2. Rhynchophthirina
              3. Anoplura

Die zwei Überfamilien der Mallophagen unterscheiden sich durch folgende Merkmale:

Amblycera (Haftfußmallophagen)	Ischnocera (Klettermallophagen)
1. Antennen keulenförmig, in Gruben;	Antennen perlschnurförmig, ausgestreckt;
2. Antennen viergliedrig (selten fünfgliedrig);	Antennen meist fünfgliedrig (selten dreigliedrig);
3. Mundwerkzeuge vorn am Kopf, Mundfeld als Saugorgan entwickelt;	Mundwerkzeuge unterseits in der Mitte des Kopfes;
4. viergliedriger Maxillartaster vorhanden;	Maxillartaster fehlt;
5. jederseits zwei Einzelaugen;	jederseits ein Einzelauge;
6. Haftfüße (mit Euplantulae).	Kletterfüße.

Bis jetzt sind auf der Erde etwa 3000 Mallophagenarten beschrieben worden (KÉLER, 1959). Die Zahl der in Deutschland beschriebenen Mallophagenarten wird mit 200 angegeben (ARNDT, 1941). Auf ein Mehrfaches davon wird die Zahl der noch unbeschriebenen und noch unentdeckten Arten geschätzt (EICHLER, mündl. 1963). In Großbritannien sind etwa 260 Arten bekannt (IMMS, 1960).

Die einzige deutschsprachige Bestimmungsmöglichkeit für mitteleuropäische Mallophagen bietet — abgesehen von einigen Bestimmungsmöglichkeiten für kleine Spezialgruppen — die „Tierwelt Mitteleuropas" von BROHMER—EHRMANN —ULMER 1923. Im IV. Band sind dort die Mallophagen in der Bearbeitung von G. ENDERLEIN mit 9 Familien, 17 Gattungen und 93 Arten aufgeführt. Diese Bearbeitung, die wohl aus den zwanziger Jahren unseres Jahrhunderts stammt, ist im Umfang überholt, systematisch veraltet (EICHLER bringt 1963 in seinem System 35 Familien!) und in den Bestimmungsmerkmalen nicht immer günstig. Die Schaffung eines Bestimmungswerkes wenigstens für die deutsche Fauna ist dringend zu wünschen.

Von *Gallus domesticus* sind nach HOHORST bisher 16 Federlingsarten beschrieben worden. Wenn man davon die tropischen Arten, die Überläufer und die falsch bestimmten abzieht, erscheint in Mitteleuropa die Bezeichnung „Hühnerfederlinge" für folgende neun Arten berechtigt:

1. *Menopon gallinae* (LINNÉ, 1758), die „Schaftlaus" des Huhnes;
2. *Uchida pallidulus* (NEUMANN, 1912);
3. *Eomenacanthus cornutus* (SCHÖMMER, 1913);
4. *Eomenacanthus stramineus* (NITZSCH in GIEBEL, 1874), die „Körperlaus" des Huhnes;
5. *Oulocrepis dissimilis* (NITZSCH in DENNY, 1842), bisher *Goniodes dissimilis*, die „braune Hühnerlaus";
6. *Stenocrotaphus gigas* (TASCHENBERG, 1879), bisher *Goniocotes gigas*, die „große Hühnerlaus";
7. *Goniocotes hologaster* NITZSCH in BURMEISTER, 1839, die „Flaumlaus" des Huhnes;
8. *Lipeurus caponis* (LINNÉ, 1758), die „Flügellaus" des Huhnes;
9. *Cuclotogaster heterographa* (NITZSCH in GIEBEL, 1874), bisher *Gallipeurus heterographus*, die „Kopflaus" des Huhnes.

3. Die wirtschaftliche Bedeutung der Mallophagen

Die Schädigung durch Mallophagen tritt ihrer Bedeutung nach hinter derjenigen durch andere Parasiten zurück. Das dürfte auch die Ursache dafür sein, daß man seitens der angewandten Parasitologie von jeher den Endoparasiten, speziell den Helminthen und Protozoen, mehr Beachtung geschenkt hat. Von den Ektoparasiten hat man wiederum Zecken, sonstige Milben und Dipteren stärker berücksichtigt als die Mallophagen.

So erwähnt beispielsweise ein 1912 erschienenes Lehrbuch über parasitäre Insekten die Mallophagen überhaupt nicht. In einem 1932 erschienenen Buch über

Geflügelkrankheiten werden die Federlinge als eine Gruppe der Milben betrachtet. Im „Handbuch der Zoologie“ von KÜKENTHAL (1930) wird von den Mallophagen gesagt, daß sie kein Blut saugen. Das gleiche betont EIDMANN in seinem Lehrbuch der Entomologie noch 1941. Und in einem Standardwerk wie SCHULZES „Biologie der Tiere Deutschlands“ bezeichnet BEIER die Mallophagen noch 1936 als „Epizoen“.

Tatsächlich ist der durch Mallophagen verursachte Schaden durchaus nicht so gering, daß er völlig ignoriert werden dürfte. Diese Parasiten schädigen ihre Wirte vor allem bei Massenbefall. Günstige Voraussetzungen für eine Massenvermehrung von Mallophagen sind besonders dann gegeben, wenn die befallenen Tiere primär schon durch andere Krankheiten geschwächt oder durch Umweltveränderungen in ihrer Widerstandsfähigkeit herabgesetzt worden sind. In wirtschaftlicher Hinsicht sind die mittelbaren Schäden meist größer als die unmittelbaren Tierverluste.

In der bulgarischen Geflügelmast wird der durch Ektoparasiten hervorgerufene Schaden als recht beträchtlich angesehen, da sich von Ektoparasiten befallene Hühner nicht mästen lassen.

Hühnermallophagen schädigen ihre Wirte vor allem in folgender Weise:

1. Durch Umherlaufen auf der Haut wirken vor allem Haftfußmallophagen belästigend. Die befallenen Hühner stecken oft die Schnäbel ins Gefieder und versuchen, durch Beißen und Kratzen das Juckgefühl zu vermindern. Als Folgeerscheinung schwindet die Freßlust, es tritt Abmagerung ein, und die Legeleistung geht zurück. Bei starkem Befall kann es zum Verlegen der Hühner kommen.

2. Da sich die Federlinge vorwiegend von Federn ernähren, sind in zweiter Linie Fraßschäden zu nennen. In wirtschaftlicher Hinsicht wirkt sich das einmal als Verminderung der Fedenqualität aus, zum anderen wird bei Ausstellungstieren der Wert herabgesetzt. Vor allem aber kann besonders *Cuclotogaster heterographa* bei Küken das sogenannte „Kükensterben“ hervorrufen, wenn starker Befall auftritt.

3. Einige Mallophagenarten sind bei der Aufnahme von Blut als Nahrung nicht nur auf Abschürfungen und Kratzwunden angewiesen, sondern können auch von der unverletzten Haut Blut aufnehmen. Blutarmut und Abmagerung treten aber im allgemeinen nur bei den weniger widerstandsfähigen Jungtieren zutage.

4. Schließlich schädigen die Federlinge ihre Wirte durch Verunreinigung des Gefieders mit Kot und Eigelegen, wodurch die Federn verklumpen und verfilzen. Die Hühner leiden nicht nur im Aussehen, sondern verwahrlosen auch, weil sie ihr Gefieder nicht mehr ordentlich reinigen können.

Zusammenfassend kann gesagt werden, daß sich selbst ein Massenbefall von Mallophagen nicht in sehr auffälliger Weise auswirkt, aber gerade dadurch die Gefahr in sich birgt, nicht beachtet zu werden. Im Laufe längerer Zeiträume kann so mittelbar oder unmittelbar wirtschaftlich spürbarer Schaden entstehen.

4. Die Bekämpfung der Mallophagen

Durch helle und genügend große Ställe, möglichst mit Auslauf, und durch eine reinliche Haltung der Hühner überhaupt wird im allgemeinen der Befall mit Mallophagen in tragbaren Grenzen gehalten. Auch die Möglichkeit, den Hühnern Staubbäder zur Verfügung zu stellen, wird dazu beitragen, eine Übervermehrung von Federlingen zu vermeiden. Hingegen haben Krankheiten und Schwächezustände bei Hühnern sowie zu kleine und unsaubere Ställe oft eine starke Erhöhung der Zahl der Federlinge zur Folge. Es ist auch kein Zufall, daß bei den verendeten Hühnern, die den Veterinäruntersuchungs- und Tiergesundheitsämtern zur Ermittlung der Todesursache eingesandt werden, oft Federlinge in Massen zu finden sind.

Die Bekämpfung der Mallophagen erfolgt am besten durch Einpudern der Hühner mit Streupulvern auf der Basis von Kontaktinsektiziden. Die Pulver werden den Hühnern dorsal und ventral flüchtig ins Gefieder gerieben; die weitere Verteilung besorgen die Hühner durch Schütteln selbst.

Besonders ist auf Einhaltung der richtigen Menge zu achten. Wird zu wenig genommen, so besteht die Gefahr, daß Resistenzbildung gegen das betreffende Mittel begünstigt wird. Bekanntlich sind gerade in den letzten zehn Jahren in der ganzen Welt Resistenzerscheinungen der verschiedensten Schädlinge in zunehmendem Maße gegen die anfangs hochwirksamen Kontaktinsektizide auf der Basis von DDT und HCH bekannt geworden.

Bei Anwendung einer zu starken Dosis besteht die Gefahr, daß die Wirte, also die betreffenden Haustiere, geschädigt werden. Seit Aufkommen der Kontaktinsektizide ist in vielen Versuchen die Schadwirkung dieser Mittel auf Vögel und Säuger dahingehend ermittelt worden, wie groß die letale Dosis ist. Selbst hierbei differieren die angegebenen Werte je kg Körpergewicht bei den verschiedenen Autoren. Die Werte sind weiterhin für die jeweilige Tierart spezifisch, und schließlich sind die Werte wohl auch veränderlich (Entwicklungsstadium, Gesundheitszustand, Resistenzbildung u.a.m.). Es sind aber bisher kaum Versuche unternommen worden, die die Erforschung von mittelbaren langfristigen Schädigungen der Warmblüter durch Kontaktinsektizide zum Ziele hatten. Ich denke hierbei an Wachstumshemmungen, Resistenzminderung gegen Infektionskrankheiten und dergleichen mehr. Verschiedene Beobachtungen an Insekten nach DDT- oder HCH-Einwirkung, wie beispielsweise Zwergwuchs von Mallophagen, deuten in diese Richtung hin.

Im allgemeinen ist die Bekämpfung der Federlinge verhältnismäßig einfach, da sie sich als permanente stationäre Ektoparasiten ständig am Wirt aufhalten. Meist verschwinden sie bei richtiger Anwendung der Mittel schon nach kurzer Zeit.

Spezieller Teil

5. Untersuchungsmethodik und Präparationstechnik

Von den verschiedenen in der Literatur angegebenen Ablese- und Aufsammelverfahren hat sich nach meinen Erfahrungen bei Mallophagen das Ergreifen mit einer weichen Federstahlpinzette für das Absammeln vom lebenden Wirt am besten bewährt. Nur bei sehr kleinen Larvenformen gebrauchte ich die Praxis, eine stark befallene Feder auszurupfen, um sie daheim unter dem Stereomikroskop abzulesen.

Für das Absammeln der Parasiten vom toten Wirt stellt das Ausklopfen der Hühner eine annähernd vollständig wirksame Methode dar. Weil die Federlinge beim Klopfen zum Teil im weiten Umkreis verstreut werden, ist sorgfältig auf die Erfassung sämtlicher Parasiten zu achten. Nachteilig sind bei dieser Methode die vielen anfallenden Verunreinigungen. Beim Ablesen der Federlinge mit einer Federstahlpinzette von lebenden Hühnern besteht die Gefahr, daß nicht alle Arten proportional ihrer tatsächlich vorhandenen Individuenanzahl erfaßt werden und manche Arten wohl auch übersehen werden können. Es wurde versucht, diese Fehlerquellen weitgehend auszuschalten, indem stets von den verschiedensten Körperbezirken abgesucht wurde (Kopf-Hals-Region, Rücken, Flügel, Bürzelgegend, Bauchseite; Haut, Federfahne, Schaft) und dabei auf die Erfassung auch der kleinsten Arten geachtet wurde, so wie sie ins Blickfeld kamen. Von einem zumindest gewissen Erfolg dieser Methode zeugt dabei das Auffinden vieler *Goniocotesholog aster*-Männchen und der verschiedensten Larvenstadien, also zum Teil sehr kleine Formen. Dennoch sind aus den dargelegten Gründen die Ergebnisse der Reihenuntersuchungen in quantitativer Hinsicht mit einer gewissen Vorsicht zu bewerten. Da aber von den neun für Deutschland am Haushuhn nachgewiesenen Mallophagenarten acht Arten gefunden worden sind, darf wohl angenommen werden, daß alle im Bezirk Karl-Marx-Stadt vorkommenden Arten erfaßt worden sind (die fehlende Federlingsart ist die größte und deshalb wohl kaum übersehen worden).

Von jedem untersuchten Hühnerbestand wurden stichprobenartig jeweils vier bis fünf Tiere entnommen, davon ein Hahn. Um zu vergleichbaren Ergebnissen zu gelangen, wurde jedes befallene Huhn 10 bis 15 Minuten lang abgelesen. — Um wenigstens in einigen Fällen zu ermitteln, wie viele Mallophagen gleichzeitig unter Umständen auf einem Huhn parasitieren, wurden sieben tot eingelieferte Hühner im Veterinäruntersuchungs- und Tiergesundheitsamt Karl-Marx-Stadt über weißem Papier ausgeklopft und alle Parasiten aufgesammelt. — Die zur hundertprozentigen Erfassung aller chitinigen Ektoparasiten angegebene Methode, welche auf Ausreißen sämtlicher Federn und der nachfolgenden Trennung von Keratin und Chitin beruht, wird wegen des außerordentlich hohen Arbeits- und Materialaufwandes in den seltensten Fällen angewandt und kommt auch nur für tote Wirte in Frage.

Die abgesammelten Mallophagen wurden in 70%igem Propanol konserviert. Besondere in der Literatur angegebene Fixierungs- und Konservierungsflüssigkeiten, wie Vitzthumsche Lösung u. dgl., brachten nicht den gewünschten Erfolg (Abspreizen der Extremitäten). Das Richten der Extremitäten bei den für Mikropräparate vorgesehenen Tieren wurde in den ersten Alkoholstufen mit einer feinen Präpariernadel vorgenommen.

Zur Herstellung von Mikropräparaten wurden die Federlinge aus dem Konservierungsalkohol zur Mazeration in 10%ige Kalilauge gebracht, mit destilliertem

Wasser ausgewaschen, durch die Alkoholstufen aufwärts und über Xylol in Durobalsam geführt. In jedem Medium wurden sie 24 Stunden belassen. Die Larvenstadien hellfarbiger Arten wurden mit alkoholischer Boraxkarminlösung angefärbt. Die Einwirkungsdauer jedes Mediums wurde bei den zarten Larven auf wenige Stunden reduziert, da sonst leicht Schrumpfungen eintreten. Aus dem gleichen Grunde empfiehlt es sich auch, bei Larven auf eine Mazeration zu verzichten.

6. Ergebnisse und Diskussion der Reihenuntersuchungen

Die Untersuchung gliedert sich in Voruntersuchung und Hauptuntersuchung; bei jeder der beiden Formen wird wieder zwischen Absammeln der Parasiten von lebenden und von toten Wirten unterschieden. Zweck der Voruntersuchung war die annähernde Ermittlung der im Untersuchungsmaterial vorkommenden Mallophagenarten und die Erarbeitung einer geeigneten Untersuchungs- und Präparationstechnik. In den Voruntersuchungen wurde darauf verzichtet, die Arten- und Individuenzahl je Huhn zu ermitteln.

Im Rahmen der Voruntersuchung wurden im Sommer 1962 von etwa 20 zu diagnostischen Zwecken ins Veterinäruntersuchungs- und Tiergesundheitsamt Karl-Marx-Stadt eingelieferten verendeten Hühnern Mallophagen abgelesen, und im Januar 1963 geschah das gleiche bei Außentemperaturen von minus 20 Grad und teilweise Kältegraden im Stall an 26 lebenden Hühnern im Schneeberger und Zwickauer Gebiet.

In der Hauptuntersuchung wurden die Parasiten von jedem Huhn getrennt und zum Teil annähernd vollständig abgesammelt und ausgewertet nach Anzahl der Arten und Anzahl der Individuen. Bei lebenden Hühnern wurden die Art des Bestandes und die Haltungsbedingungen, bei toten Tieren die Herkunft und die Todesursache in Betracht gezogen. Die Hauptuntersuchung wurde von Ende April bis Mitte Oktober 1963 durchgeführt. Die Beschränkung auf das Sommerhalbjahr mit nicht zu starken Schwankungen der Außentemperaturen sichert die Vergleichbarkeit der Ergebnisse.

6.1. Betriebe, Bestände und Haltungsformen

Der veterinärmedizinische Geflügelgesundheitsdienst unterscheidet bei Haushühnern folgende Formen der Bestände: Bruteierlieferbetriebe, Brütereien, Aufzuchten, Vermehrungszuchten, Herdbuchzuchten und Mastbetriebe.

In unserem Bezirk sind zur Zeit folgende Arten der Haushuhnhaltung anzutreffen:

1. Die Auslaufhaltung. Hierbei enthält der Stall große Sammelkäfige mit Sitzstangen und dient nur als Schlafstall. Diese Form findet man lediglich noch in alten bäuerlichen Einzelbetrieben.
2. Die Bodenintensivhaltung mit kombiniertem Schlaf-, Scharr- und Legeraum. Der Stall kann mit oder ohne Kotbunker ausgestattet und mit Tief- oder Flachstreu versehen sein.

3. Die Bodenhaltung auf Tiefstreu mit Auslauf. Hierfür gilt das unter 2. Gesagte lediglich mit dem Zusatz, daß sich an den Stall meist ein ziemlich großer (einige tausend Quadratmeter umfassender) und zum Teil gar nicht begrenzter Auslauf anschließt.
4. Intensivgeflügelhaltung in Batterien. Hierbei befinden sich jeweils ein bis vier Tiere in Drahtkäfigen, von denen bis zu fünf übereinander angeordnet sein können. Die Zufuhr von Trinkwasser und Futter sowie das Abräumen des Kotes erfolgen automatisch.

Die Intensivbatteriehaltung in Einzelkäfigen der GPG „Neues Leben" Karl-Marx-Stadt, Lehrbetrieb Richterweg, wurde untersucht und mallophagenfrei befunden. Obwohl dieser Befund aus weiter unten darzulegenden Gründen meinen Erwartungen entsprach, büßt er an Vergleichswert ein, da die Käfige samt Hühnern durchschnittlich alle 8 Tage mit Flibol gespritzt wurden. In allen übrigen untersuchten Betrieben wurde die Frage, ob in den letzten Wochen Insektizide angewandt worden seien, verneint.

Von dieser Batteriehaltung abgesehen, waren die Haltungsbedingungen in allen von mir untersuchten Beständen ziemlich gleich. Es fand sich durchweg ein Stall als kombinierter Schlaf-, Scharr- und Legeraum mit Tiefstreu und Kotbunker, teils mit und teils ohne Auslauf. In manchen bäuerlichen Einzelbetrieben ist der Auslauf für die Hühner nicht abgegrenzt. Dieser Umstand ist für unsere Fragestellung insofern von Bedeutung, als dadurch der Kontakt mit fremdem Geflügel und somit die Befallsmöglichkeiten weitgehend unkontrollierbar werden.

Bestände mit der alten Auslaufhaltung spielen wirtschaftlich keine entscheidende Rolle mehr. Ein von mir zur Stichprobe untersuchter Bestand lieferte einen Befund, der die in der Auswertung gezogenen Schlußfolgerungen bestätigt.

Die untersuchten Bestände gehören drei verschiedenen Betriebsformen an:

1. Geflügelkombinate. Davon sind im Bezirk Karl-Marx-Stadt zur Zeit zwei vorhanden. Untersuchungen wurden im Geflügelkombinat der LPG „Fortschritt" in Wilkau-Haßlau durchgeführt. An Beständen sind eine Herdbuchzucht, Vermehrungszucht und Aufzucht vorhanden. Der Jahresausstoß beträgt etwa 100000 Junghühner. Der Hühnerbestand betrug zum Zeitpunkt der Untersuchung reichlich 27000 Stück.
2. Hühnerfarmen und Geflügelhöfe, die landwirtschaftlichen Produktionsgenossenschaften gehören. Die Stallungen sind meist eingeschossige, langgestreckte Gebäude aus Holz; der Auslauf ist umzäunt. Die Bestände umfassen Aufzucht, Vermehrungszucht, Intensivhaltung, Bruteierlieferbestand und Mast. Die Zahl der gehaltenen Hühner liegt meist in der Größenordnung von einigen Tausend.
3. Bruteierlieferbestände in einzelbäuerlichen Gehöften oder in Genossenschaften. Die Hühnerhaltung wird hier meist als Nebenerwerbszweig betrieben. Die Stallungen befinden sich in irgendeinem Gebäude des Hofes, das daneben auch noch anderen Zwecken dient. Die Zahl der gehaltenen Hühner schwankt zwischen einigen Dutzend und wenigen Hundert.

6.2. Der Befall der Hühner mit Mallophagen

In der Hauptuntersuchung wurden jeweils Betrieb, Bestand, Rasse und Geschlecht erfaßt. Die von jedem Huhn abgelesenen Mallophagen wurden ausgezählt und nach Arten geordnet. Auch das Vorkommen anderer Parasiten wurde vermerkt.

Die untersuchten Hühner gehörten den Rassen Weiße Leghorn, White Rock, Cornish, Rebhuhnfarbige Italiener und Rote Rhodeländer an; zum Teil waren es Bastarde dieser Rassen. An Betrieben wurden ein Geflügelkombinat, eine Hühnerfarm, ein Lehrbetrieb, ein Geflügelhof und drei Bruteierlieferbetriebe untersucht. Unter den Beständen befanden sich Bruteierlieferbestände, Aufzuchten, Vermehrungszuchten und Mastbestände. Sämtliche unter 6.1 angeführten Haltungsformen waren vertreten.

Ein Teil der zu diagnostischen Zwecken in das Veterinäruntersuchungs- und Tiergesundheitsamt Karl-Marx-Stadt eingelieferten verendeten Hühner wurde ebenfalls erfaßt und die gefundenen Mallophagenarten und die Anzahl der Individuen festgehalten.

In der Hauptuntersuchung wurden von 57 lebenden und von 18 toten Hühnern Federlinge abgelesen und die Funde quantitativ ausgewertet. Insgesamt wurden von etwa 120 Hühnern mehr als 6000 Mallophagen gesammelt.

Von *Uchida pallidulus* wurde lediglich ein Exemplar bei der Voruntersuchung von einem lebenden Huhn abgelesen. Mehrere Exemplare von *Eomenacanthus cornutus* wurden in der Voruntersuchung von toten Wirten abgesammelt. Von dieser Art wurde in der Hauptuntersuchung nur ein Exemplar von einem toten Huhn abgelesen.

6.3. Die Anzahl der je Huhn vorkommenden Mallophagenarten

In Tab. 1 ist dargestellt, wie viele Federlingsarten jeweils auf einem Huhn gefunden worden sind. Zum Vergleich steht rechts neben den eigenen Werten eine Tabelle von Hohorst, die Material auswertet, welches in den Jahren 1938/39 in Mitteldeutschland von Hühnern abgeklopft worden ist.

Tabelle 1

Anzahl der Federlingsarten	a) Anzahl der Hühner (Lasch)	b) Anzahl der Hühner (aus Hohorst)
0	24	3
1	2	4
2	21	12
3	18	35
4	10	34
5	0	43
6	0	9
7	0	9
8	0	9

6.4. Die Häufigkeit der einzelnen Mallophagenarten

Tab. 2 zeigt die Häufigkeit der verschiedenen Federlingsarten auf den von mir quantitativ untersuchten 75 Hühnern. Daneben stehen zum Vergleich wieder die Werte von HOHORST, die sich auf 161 abgeklopfte Hühner beziehen.

Tabelle 2

Art der Mallophagen	Anzahl der befallenen Hühner	
	a) LASCH	b) aus HOHORST
Menopon gallinae	50	153
Goniocotes hologaster	31	127
Eomenacanthus stramineus	34	119
Lipeurus caponis	14	93
Oulocrepis dissimilis	2	77
Cuclotogaster heterographa	7	41
Stenocrotaphus gigas	0	39
Uchida pallidulus	0	32
Eomenacanthus cornutus	1	17

6.5. Die zahlenmäßige Stärke der Mallophagenarten

In der Tab. 3 werden die in der Hauptuntersuchung gesammelten 5809 Federlinge auf die einzelnen Arten aufgeschlüsselt. Die abgeklopften und die abgelesenen Exemplare werden getrennt aufgeführt, weil beim Abklopfen die Arten in derjenigen zahlenmäßigen Zusammensetzung anfallen, wie sie tatsächlich auf dem Wirt vorhanden waren. Nicht aufgeführt werden die in der Voruntersuchung abgelesenen Federlinge; deshalb fehlt die Art *Uchida pallidulus*.

Tabelle 3

Artbezeichnung	Abgeklopfte Exemplare	Abgelesene Exemplare	Gesamtzahl
Menopon gallinae	3271	1002	4273
Goniocotes hologaster	652	104	756
Eomenacanthus stramineus	43	311	354
Lipeurus caponis	373	35	408
Oulocrepis dissimilis	0	3	3
Cuclotogaster heterographa	0	14	14
Eomenacanthus cornutus	1	0	1
Insgesamt	4340	1469	5809

6.6. Auswertung und Diskussion der Untersuchungsergebnisse

1. Die Haltungsbedingungen bei den lebend untersuchten Hühnern waren im wesentlichen einander ähnlich mit Ausnahme der Käfigintensivhaltung. Deshalb lassen sich bezüglich des Befalls mit Ektoparasiten zwischen den verschiedenen Betrieben und Beständen keine nennenswerten Unterschiede erkennen.

Der Mallophagenbefall hängt vor allem von folgenden Faktoren ab:

a) Herkunft der Tiere. Aus Brutschränken stammende Hühner, die keine Gelegenheit hatten, sich zu infizieren, sind mallophagenfrei.

b) Kontakt mit anderem Geflügel. Mallophagenfreie Bestände, die nicht mit mallophagenverseuchtem Geflügel in Berührung kommen, bleiben frei von Mallophagen.

c) Haltungsbedingungen und Gesundheitszustand. Schlechte Haltungsbedingungen und Krankheiten begünstigen eine Massenvermehrung von Mallophagen, was natürlich zur Voraussetzung hat, daß die Hühner überhaupt von Mallophagen befallen sind.

d) Bekämpfungsmaßnahmen. Hierbei ist in erster Linie an regelmäßiges Stäuben mit Kontaktinsektiziden zu denken.

Die Haltungsbedingungen beeinflussen also den Befallsgrad nur insofern, als sie die oben angeführten Faktoren betreffen.

2. Hähne sind meist stärker befallen als Hennen; Ursache kann die Infektion bei der Kopulation sein. Unterschiede im Befallsgrad der verschiedenen Rassen sind nicht wahrgenommen worden. Allerdings gehörten entsprechend der Häufigkeit in unserem Bezirk die meisten untersuchten Hühner der Rasse Weiße Leghorn an. Sonst kann höchstens gesagt werden, daß unter gleichen Haltungsbedingungen schwere Rassen mitunter etwas stärker befallen erscheinen als leichte Rassen.

3. Bei kranken Wirten tritt meist sekundär eine Übervermehrung von Mallophagen ein, wie in Übereinstimmung mit Literaturangaben bereits mehrfach erwähnt wurde. Bei den abgeklopften Hühnern wurden meist zwischen 500 und 1000 Mallophagen je Huhn gezählt. Worin dieser Zusammenhang zwischen Gesundheitszustand des Wirtes und Vermehrung seiner Ektoparasiten eigentlich besteht, wissen wir nicht. Sollte er nur in mechanischen Abwehrreaktionen zu suchen sein?

4. Eigenartig ist die Tatsache, daß bei den Lebenduntersuchungen in keinem Falle Mallophagen und Milben in einem Bestand nebeneinander gefunden wurden. Lediglich bei den eingegangenen Hühnern, die mit Hunderten von Mallophagen besetzt waren, fanden sich vereinzelt auch Milben. Sollten sich Milben und Mallophagen bis zu einem gewissen Grad gegenseitig ausschließen?

5. Auf den meisten der von mir untersuchten Hühner fanden sich, wenn überhaupt, zwei bis drei Mallophagenarten nebeneinander (Tab. 1a). Hohorst fand die meisten Hühner von drei bis fünf Mallophagenarten befallen (Tab. 1b). Zweifellos hatte Hohorst stärker verseuchtes Material zur Verfügung, was sowohl aus den von ihm genannten Arten- wie auch Individuenzahlen und der Herkunft seiner Tiere (zur Diagnostik eingesandte verendete Hühner oder zusammengekaufte Laborbestände) hervorgeht. Die von mir abgeklopften toten Tiere waren durchschnittlich von drei Mallophagenarten befallen.

6. Durch meine Untersuchungen wurden von neun deutschen Haushuhnmallophagenarten acht Arten nachgewiesen (Tab. 2a und 3). *Uchida pallidulus* wurde nur bei der Voruntersuchung gefunden.

7. Die Häufigkeit der einzelnen Arten läßt sich aus den Tab. 2 und 3 herauslesen. Zweifellos kann — in Übereinstimmung mit den Literaturangaben — *Menopon gallinae* als der häufigste Hühnermallophage zumindest in Mitteldeutschland bezeichnet werden. An zweiter Stelle steht wohl *Goniocotes hologaster*. Daß diese Art der Häufigkeit nach Tab. 2a mit geringem Abstand an dritter Stelle rangiert, ist offenbar doch darauf zurückzuführen, daß diese kleine Art am lebenden Wirt schwerer zu fangen ist. *Lipeurus caponis* ist in der Gesamtzahl laut Tab. 3 häufiger als *Eomenacanthus stramineus*. Ich fand *Lipeurus caponis* in größeren Individuenzahlen als HOHORST. Auf alle Fälle kommt er unter Umständen auch in großer Stückzahl vor, weshalb ich EICHLER nicht zustimmen kann, der in seiner „Namensliste der Federlinge des Hausgeflügels" von dieser Art schreibt, sie käme „nur in geringer Anzahl" vor. Die seltensten Hühnerfederlinge sind *Uchida pallidulus* und *Eomenacanthus cornutus*, nach meinen Ergebnissen auch *Oulocrepis dissimilis* und *Stenocrotaphus gigas*, den ich überhaupt nicht fand. Meine Befunde stimmen hierüber im wesentlichen mit den Angaben von EICHLER und HOHORST überein. Zusammenfassend kann ich die Reihenfolge der Häufigkeit, wie sie HOHORST nach Tab. 2b angibt, im großen und ganzen bestätigen.
8. Die Häufigkeit der einzelnen Arten kann nicht nur von der Anzahl der befallenen Hühner her untersucht werden, sondern auch von der Individuenzahl der einzelnen Mallophagenarten her, wie es unter Punkt 7 zum Teil schon getan worden ist. In der zweiten Spalte der Tab. 3 ist die Anzahl Individuen von jeder Art angeführt, die abgelesen wurden. Setzt man die individuenreichste Art an die Spitze, so ergibt sich die Reihenfolge *Menopon gallinae, Eomenacanthus stramineus, Goniocotes hologaster, Lipeurus caponis, Cuclotogaster heterographa, Oulocrepis dissimilis, Eomenacanthus cornutus*, also dieselbe Häufigkeitsfolge wie in Tab. 2a. Daraus folgt, daß die Anzahl der befallenen Hühner der Individuenzahl einer Federlingsart proportional ist. Weitere Schlußfolgerungen lassen sich aus Tab. 3 kaum ziehen, da die Anzahl der abgeklopften Hühner zu gering ist. Wenn man aber beachtet, daß die in Spalte 1 der Tab. 3 aufgeführten Werte von sieben Hühnern stammen, so erhält man einen Begriff von der Menge an Federlingen, die auf einem Huhn vorkommen können. HOHORST nennt allerdings weit größere Zahlen: er fand in einem Falle allein etwa 4000 Exemplare von *Eomenacanthus stramineus* auf einem Huhn. Daraus kann man im Zusammenhang mit den weiter oben von HOHORST angegebenen Werten bei aller Vorsicht vielleicht doch schlußfolgern, daß die Hühnerbestände unseres Bezirkes nicht mehr so stark mit Mallophagen verseucht sind, wie die Bestände Mitteldeutschlands in den dreißiger Jahren.

7. Untersuchung zum Verhalten der Mallophagen beim Erkalten ihres toten Wirtes

Zur Beantwortung der Frage, ob Mallophagen den Wirt verlassen, wenn dieser post mortem allmählich erkaltet, wurde folgendes Experiment durchgeführt:

Eine Henne der Rasse Weiße Leghorn, die sich in einem guten Gesundheitszustand befand und mittelstark von *Menopon gallinae* und *Eomenacanthus stramineus* befallen war, wurde getötet. Das Tier wurde zur besseren Kontrolle seiner Umgebung auf weißes Papier inmitten einer schwarzen Holzplatte gelegt, mit einem Leimring umzogen und 26 Stunden lang unter Beobachtung gehalten. Die Temperatur im Zimmer betrug während des Versuches 20 bis 21 Grad Celsius.

Eine Stunde nach dem Eintreten des Todes betrug die Temperatur im Gefieder, gemessen unter einem Flügel, 34 Grad Celsius. Sie sank nach drei Stunden auf 32 Grad, nach sechs Stunden auf 30 Grad, nach 13 Stunden auf 25 Grad und erreichte nach 26 Stunden die Zimmertemperatur von 21 Grad Celsius.

Es wurde keinerlei Abwanderung von Parasiten beobachtet.
Wenn die beweglichen Arten *Menopon gallinae* und *Eomenacanthus stramineus* auf dem Wirt verbleiben, so ist das erst recht von den anderen Mallophagenarten anzunehmen, sofern kein Kontakt mit lebenden Warmblütern besteht. Auch anderweitig wurden bei toten Hühnern Abwanderungen von Federlingen nur dann beobachtet, wenn Menschen die Kadaver berührten.

Dieses Ergebnis steht mit theoretischen Überlegungen und Literaturangaben im Einklang. Die hauptsächlichsten Lebensbedingungen der Mallophagen sind die entsprechende Temperatur, welche an die Gefieder- oder Felltemperatur des jeweiligen Wirtes angepaßt ist, die entsprechende Luftfeuchtigkeit und die arteigene Nahrung.

Unter normalen Bedingungen finden die Mallophagen, wenn sie den Körper des toten Wirtes verlassen, in der Umgebung weder eine höhere Temperatur noch eine höhere Luftfeuchtigkeit vor als im Kleinklima des Gefieders selbst eines toten Wirtes, wo zudem noch arteigene Nahrung vorhanden ist. Wohl aber gehen sie von einem erkalteten Tier beim Untersuchen viel leichter auf die Hände über als von einem lebenden Tier.

Die Mallophagen verbleiben also auf ihrem toten Wirt, bis sie nach längstens zwei bis drei Tagen, in erster Linie wohl wegen zu niedriger Temperatur und Luftfeuchtigkeit, selbst zugrunde gehen.

8. Versuch zur Bekämpfung von Mallophagen

Um die Wirksamkeit der einzelnen bei uns im Handel befindlichen Präparate zu prüfen, wurden vom Staatlichen Kreiskontor für landwirtschaftlichen Bedarf Karl-Marx-Stadt zur Bekämpfung von Ektoparasiten am Geflügel verfügbare Mittel angefordert.

Mit diesen Mitteln wurde im September 1963 in einer Hühnerfarm des Kreises Karl-Marx-Stadt ein Bekämpfungsversuch in folgender Weise durchgeführt:

Aus einem Bestand von Weißen Leghorn wurden 15 mittelstark mit Mallophagen (*Menopon gallinae, Eomenacanthus stramineus, Goniocotes hologaster*) befallene Hennen herausgesucht. Mit jedem Präparat wurden drei Hühner behandelt. Jedes Huhn wurde mit dem Kopf nach unten an den Beinen gehalten, das Mittel dorsal und ventral gegen die Federn gestreut und flüchtig verrieben. Die drei mit dem gleichen Präparat behandelten Tiere wurden von den übrigen gesondert in einen Käfig gesperrt.

Nachstehend aufgeführte Präparate wurden geliefert:

Tabelle 4

Name des Mittels	Herstellerfirma	Auf dem Etikett angegebene wirksame Substanz
Pedix Puder	VEB Fettchemie, Karl-Marx-Stadt	DDT und Gamma HCH
Rodax Spezial Insektenpulver	Paul Rodax, Radebeul	–
Parasitex Insektenpulver	Vetal Arznei, Dr. Martin & Götze, Leipzig	HCC (2,5%), Sulf. (8%), Talc. (60%), Fol. Nicotian. (29,5%), HCH Gamma (0,8%)
Streuhexamin	VEB Fahlberg-List, Magdeburg	Lindan, Gamma HCH, Rohchloramin
Vetax Puder	Rufach KG, Leipzig	Hexa Wirkstoff

Nach 24 Stunden wurde jedes Huhn sorgfältig auf Ektoparasiten untersucht. Bei keinem der 15 Hühner fanden sich noch lebende Mallophagen. Alle 5 getesteten Präparate können also bei der vorstehend beschriebenen Anwendung als hundertprozentig wirksam bezeichnet werden. Nennenswerte Unterschiede zwischen den einzelnen Präparaten waren kaum zu erwarten, da sie alle hauptsächlich Hexachlorcyclohexan als wirksame Substanz enthalten. Allerdings ist eine derart vollkommene Wirkung nicht zu erwarten, wenn die Mittel bei einer Massenbehandlung lediglich über die Köpfe der Tiere hinweggestreut werden, wie das bei den meisten Geflügelzüchtern und -haltern üblich ist.

Demgegenüber sei darauf hingewiesen, daß es zwei Möglichkeiten gibt, einen Hühnerbestand auch ohne laufende Bekämpfung mallophagenfrei oder mallophagenarm zu halten:

1. Ein aus Brutschränken stammender Bestand wird von Anfang an isoliert von befallenem Geflügel gehalten.
2. Alle Hühner eines Bestandes werden in der oben beschriebenen Weise einzeln mit Kontaktinsektiziden behandelt und sodann ohne Berührung mit unkontrolliertem Geflügel gehalten. Da die Kontaktgifte nicht ovozid wirken, dürfte sich eine nochmalige Behandlung nach 2 bis 3 Wochen als notwendig erweisen.

Andere Infektionsquellen, wie Einschleppen der Mallophagen durch Sperlinge oder dergleichen, dürften Ausnahmen darstellen und praktisch nicht ins Gewicht fallen.

Wenn bei der modernen Geflügelhaltung in unseren landwirtschaftlichen Produktionsgenossenschaften die Hühner in Farmen zusammengefaßt und so besser betreut und isoliert werden können als in der alten bäuerlichen Einzelhaltung, besteht somit die Möglichkeit, ohne zusätzliche Maßnahmen diese Bestände weitgehend frei von Mallophagen zu halten. Das müßte um so leichter gelingen, als nach Schätzung des Geflügelgesundheitsdienstes vom Veterinäruntersuchungs- und Tiergesundheitsamt Karl-Marx-Stadt die Menge der Hühner, die nicht in

Brutschränken gezogen wird, kleiner als ein Prozent sein dürfte und somit wirtschaftlich nicht ins Gewicht fällt.

Zusammenfassung

Nach einer Abhandlung über die Morphologie und Biologie der Mallophagen werden diese taxonomisch eingeordnet und untergliedert. Dabei wird die taxonomische Stellung der Hühnerfederlinge besonders berücksichtigt. Es wird ein Überblick über die Schädigungen gegeben, die Mallophagen bei unseren Haustieren und speziell bei den Hühnern verursachen. In dem Abschnitt über die Bekämpfung von Mallophagen mit Kontaktinsektiziden wird die Problematik bei der Anwendung dieser Mittel angedeutet.

Im speziellen Teil der Arbeit werden die angewandten Sammel- und Präparierverfahren erwähnt. Die Ergebnisse der Untersuchung von etwa 120 Hühnern werden in Tabellen dargestellt und diskutiert. Dabei werden die im Bezirk Karl-Marx-Stadt anzutreffenden Betriebe, Bestände und Haltungsformen kurz charakterisiert.

Die den Befallsgrad beeinflussenden Faktoren werden untersucht. Dabei wird diskutiert, wie sich moderne Haltungsbedingungen und Anwendung der Kontaktinsektizide auf den Befall mit Hühnerfederlingen auswirken.

Im Laufe der eigenen Untersuchungen wurden im Bezirk Karl-Marx-Stadt von neun deutschen Haushuhnmallophagen acht Arten nachgewiesen. Die Reihenfolge der Häufigkeit wird aus den Tabellen abgeleitet und diskutiert.

In einem Versuch wird nachgewiesen, daß Mallophagen ihren toten Wirt nicht verlassen, wenn kein Kontakt zu anderen Warmblütern besteht. Eine Testung der handelsüblichen Präparate zur Bekämpfung von Ektoparasiten bildet zusammen mit den durchgeführten Untersuchungen die Grundlage für Vorschläge, wie die Geflügelbestände unter modernen Bedingungen mallophagenfrei gehalten werden können.

Резюме

Изложив морфологию и биологию mallophaga автор указывает занимаемое ими место в систематике и подразделяет их. При этом, особое внимание уделено таксономии пухо-пероедов кур. Дан обзор повреждений, причиняемых mallophaga нашим домашним животным, в частности курам. В разделе, содержащем борьбу с mallophaga при помощи контактных инсектицидов, отмечена проблематика применения этих средств. В специальном разделе упомянуты применяемые способы сбора и препарировки. Рассмотрены результаты исследования примерно 120 кур, приведенные в таблицах. При этом, дана краткая характеристика хозяйств Карл-Маркс-Штадтского округа, а также поголовий и форм содержания птицы. Исследованы факторы, оказывающие влияние на степень поражения кур пухо-пероедами. В связи с этим обсуждается действие современных условий содержания и применения контактных инсектицидов на поражение кур названными паразитами. В ходе собственных исследований, проведенных в Карл-Маркс-Штадтском округе, установлено восемь из девяти видов mallophaga немецкой курицы. Согласно таблице отмечена и обсуждена их очередность по встречаемости. В опыте показано, что mallophaga при отсутствии контакта с другими теплокровными, не покидают хозяина. Испытание рыночных препаратов для борьбы с эктопаразитами, вместе с проведенными исследованиями, составляет основу предложений для содержания домашней птицы в современных условиях свободной от mallophaga.

Summary

A description in regard to the morphology and biology of the mallophagues is followed by a taxonomic classification and subdivision of the latter. The taxonomic position of the mallophagues is particularly considered. Damage caused by mallophagues to our domestic animals in general, and to fowl in particular, is described in a survey. The problems involved in the application of contact insecticides are touched in the section on mallophague control by means of such substances. The applied methods of collection and preparation are mentioned in the special part of the paper. The results obtained from the examination of about 120 hens are presented in tables and discussed. Farms, stocks, and forms of keeping which are found in the Karl Marx Stadt district are briefly characterized. The factors which determine the degree of infestation are examined. The effects of modern conditions of keeping as well as of the application of contact insecticides on mallophague infestation are discussed. Eight out of nine types of German domestic hen mallophagues have been determined in the investigations which had been carried out in the Karl Marx Stadt district. The sequence of frequency is derived from the tables and discussed. It is shown by a test that mallophagues would not leave their dead host, unless there is a contact to other warm-blooded animals. Proposals as to keeping poultry stocks under modern conditions free from mallophagues are submitted on the basis of an examination of commercial substances for ectoparasite control as well as on the basis of the tests described in this paper.

Literatur

ARNDT, W.: Die Anzahl der bisher in Deutschland (Altreich) nachgewiesenen rezenten Tierarten. Zoogeographica 4 (1941), S. 28–92

BEIER, M.: Mallophaga. In: SCHULZE, P.: Biologie der Tiere Deutschlands. Berlin, 1936

BROHMER, P.; EHRMANN, P.; ULMER, G.: Die Tierwelt Mitteleuropas. Bd. 4, Insekten I. Teil. Leipzig, 1923

EICHLER, WD.: Die Biologie der Federlinge. J. Orn. 84 (1936), S. 471–505

EICHLER, WD.: Die wirtschaftliche Bedeutung der Mallophagen. Anz. Schädlingskde. 16 (1940), S. 32–36

EICHLER, WD.: Namensliste der Federlinge des Hausgeflügels. Z. Infkrh. Haust. 56 (1940), S. 65–75

EICHLER, WD.: Behandlungstechnik parasitärer Insekten. Leipzig, 1952

EICHLER, WD.: Federlinge. Neue Brehm-Bücherei 186. Wittenberg, 1956

HOHORST, W.: Die Mallophagen des Haushuhnes und ihre Eigelege. Vet.-med. Nachrichten, 1938

KÉLER, ST.: Bibliographie der Mallophagen. Mitt. a. d. Zool. Mus. Berlin, Bd. 36, Berlin, 1960

WEBER, H.: Grundriß der Insektenkunde. Stuttgart, 1954

Aus dem Institut für Tierernährung der Friedrich-Schiller-Universität Jena
(Direktor: Prof. Dr. ARNO HENNIG)

HEINZ JEROCH

Nährstoffökonomische Untersuchungen an Broilern

Eingegangen: 19. 8. 1964

Die Verwertung der Futternährstoffe bzw. der Futterenergie ist bei einer bedarfsgerechten Nährstoffversorgung nach Erzeugungsrichtung, Leistung der Tiere und Zusammensetzung des Produktes recht unterschiedlich. Es verdienen deshalb die auftretenden Veredlungsverluste besondere Beachtung. Über das Ausmaß solcher Verluste liegen aus Einzel- und Modellversuchen von verschiedenen tierischen Produktionsrichtungen Angaben vor (BÜNGER, 1944; CRASEMANN, 1942). Die mitgeteilten Ergebnisse über die Verwertung der Futternährstoffe in der Junggeflügelmast sind hierbei aber älteren Datums und wurden mit den früher üblichen Rassen und Futtermischungen erzielt, so daß sie heute nicht mehr als repräsentativ angesehen werden können (LEHMANN, 1927).

In der vorliegenden Arbeit sollte deshalb untersucht werden, wie hoch der Veredlungsverlust beim Einsatz einer für Mastzwecke geeigneten Rasse zu veranschlagen ist. Die Ermittlungen über die Ausnutzung des Futterproteins und der Futterenergie (Brutto- als auch umsetzbare Energie) erfolgten einmal bei der Verfütterung einer bewährten Broilerration (o. V., 1962/63). Des weiteren wurde der Einfluß eines gestaffelten Energiegehaltes und eines wechselnden Verhältnisses zwischen Rohprotein und umsetzbarer Energie im Mischfutter auf den Ansatz und die Ausbeute von Protein und Energie untersucht sowie ihr Einfluß auf das Ausschlachtungsergebnis und die Gehaltswerte des Fleisches vom bratfertigen Rumpf des Tieres ermittelt.

1. Versuchsmethodik

1.1. Tiermaterial und Gruppeneinteilung

Die Ermittlungen wurden mit geschlechtssortierten ♂ Küken der Rasse White Rock durchgeführt. Als experimentelle Grundlage dienten Bilanzversuche (BV). Entsprechend der Aufgabenstellung fand folgende Versuchsanordnung Anwendung.

Gruppe	Getreideanteil in der Mischung
I	100% Mais
II	75% Mais und 25% Gerste⁺ bzw. 25% Weizen⁺⁺
III	50% Mais und 50% Gerste⁺ bzw. 50% Weizen⁺⁺
IV	25% Mais und 75% Gerste⁺ bzw. 75% Weizen⁺⁺
V	100% Gerste⁺ bzw. 100% Weizen⁺⁺

⁺ BV 1. – ⁺⁺ BV 2.

Der stufenweise Ersatz des Maises durch Gerste bzw. Weizen ermöglichte die Einstellung gestaffelter Energiekonzentrationen in den geprüften Rationen. Während Mais eine umsetzbare Energie von 3436 kcal/kg aufweist, betragen die Werte für Weizen und Gerste 3282 bzw. 2919 kcal/kg (HILL und Mitarb., 1960). Durch einen annähernd gleichen Rohproteingehalt in den verwendeten Futtermischungen, aber gestaffelten Energiegehalt, ergaben sich ebenfalls wechselnde Verhältnisse zwischen Rohprotein und umsetzbarer Energie im Mischfutter.

Jede Prüfungsgruppe bestand aus 2 Untergruppen zu je 4 Küken, bezeichnet mit a und b, wovon die Untergruppe a nach Abschluß des Versuches ausgeschlachtet und die Untergruppe b zur Gesamtkörperanalyse verwendet wurde. Die Versuchsdauer betrug in beiden Versuchen 56 Tage; bei Versuchsbeginn waren die Küken 1—2 Tage alt.

1.2. Haltung der Tiere

Zur Haltung der jüngeren Küken (0—4 Wochen) wurden Kükenaufzuchtbatterien für diesen Zweck umgebaut. In der zweiten Versuchshälfte fanden die Küken in für Kükenbilanzversuche hergerichteten Kleintierstoffwechselkäfigen Unterkunft. Die Batterien und Käfige waren in einem beheizbaren und ausreichend belichteten Raum aufgestellt. Die Raumtemperatur wurde täglich kontrolliert und im Bereich von 18—22 °C gehalten.

1.3. Futtermischungen und Fütterungstechnik

Die Zusammensetzung und den Gehalt an Rohprotein, Bruttoenergie und umsetzbarer Energie der in den beiden Versuchen eingesetzten Futtermischungen enthalten die Tab. 1 und 2. Die Gehaltszahlen werden in Prozent bzw. kcal/kg, bezogen auf Trockenmasse, angegeben. Die mitgeteilten umsetzbaren Energiegehalte der Rationen stellen das Mittel der im Tierversuch an den Untergruppen a und b jeder Versuchsgruppe bestimmten Werte dar.

Je kg Fertigfutter wurden folgende Vitaminmengen zugesetzt:

10000 IE Vitamin A, 800 IE Vitamin D_3, 30 mg Vitamin E, 2 mg Vitamin K, 4 mg Vitamin B_2. Die zugesetzten Vitaminmengen entsprechen den Bedarfsangaben von LIEBSCHER (1960). Als Kokzidiostatikum gelangte Ursocin S in einer

Tabelle 1
Futterzusammensetzung

Bestandteile	Gruppen I	II	III	IV	V
Mais	70	52,5	35	17,5	—
Gerste	—	17,5⁺	35⁺	52,5⁺	70⁺
Weizen	—	17,5⁺⁺	35⁺⁺	52,5⁺⁺	70⁺⁺
Erdnußextraktionsschrot	16	16	16	16	16
Fischmehl	8	8	8	8	8
Futterhefe	3	3	3	3	3
Mineralstoffgemisch (DAL)	3	3	3	3	3

⁺ BV 1. — ⁺⁺ BV 2.

Tabelle 2
Gehalt der Futtermischungen an Rohprotein, Bruttoenergie und umsetzbarer Energie

Versuchs-gruppe	Gehalt an Rohprotein %	Bruttoenergie kcal/kg	umsetzbarer Energie kcal/kg	Verhältnis Rohprotein: umsetzbarer Energie 1:
BV 1				
I	22,8	4471	3386	149
II	24,5	4443	3267	134
III	24,4	4431	3145	129
IV	24,5	4398	2966	121
V	25,4	4389	2869	113
BV 2				
I	22,96	4494	3391	148
II	23,2	4477	3346	144
III	23,6	4438	3284	139
IV	23,7	4425	3284	138
V	24,2	4380	3190	132

Dosis von 10 g/kg Futter zum Einsatz. Das Futter wurde den Tieren zum freien Verkehr gegeben. Verstreutes Futter wurde den Tieren wieder vorgelegt. Als Tränke diente stets klares Wasser.

1.4. Erhebungen und Analytik

Die Futteraufnahme wurde durch Einwage entsprechend der Fütterungsweise und Rückwage der Futterreste am Wägetag ermittelt. Die mitgeteilten Futterverzehrsdaten beziehen sich auf Trockenmasse. Von der aufgenommenen Futtertrockenmasse wurde am Versuchsende der Magen- und Darminhalt abgezogen.

Die Entwicklung der Versuchstiere wurde nach Ermittlung des Einstellungsgewichtes je Tier durch wöchentliche Einzeltierwägungen verfolgt. Der Zuwachs an Protein und Energie errechnete sich aus der Differenz zwischen dem Protein- und Energiegehalt der am Versuchsbeginn getöteten Vergleichstiere und dem Protein- und Energiegehalt der nach 56 Versuchstagen getöteten Tiere. Das retinierte Protein bzw. die Ausbeute an Nahrungsprotein werden in Prozent zum verzehrten Futterprotein und die retinierte Energie bzw. die Ausbeute an Nahrungsenergie in Prozent zur aufgenommenen Brutto- bzw. umsetzbaren Energie angegeben.

Die Ausschlachtung der Tiere fand unter Berücksichtigung folgender Kategorien statt:

1. Gesamtabfall: Blut, Federn, unverwertbare Innereien und sonstige unverwertbare Teile
2. Bratfertiger Rumpf
3. Fleischanteil vom bratfertigen Rumpf
4. Knochenanteil vom bratfertigen Rumpf

5. Verwertbare Innereien
6. Gesamter verwertbarer Anteil (Fleischanteil vom bratfertigen Rumpf und verwertbare Innereien)

Die prozentualen Angaben für die einzelnen Schlachtkörperteile beziehen sich auf das Leergewicht des Tieres (Lebendgewicht abzüglich Magen- und Darminhalt).

Die analytischen Methoden beschränkten sich entsprechend der Versuchsfrage auf die N-Bestimmung und die Ermittlung des Wärmewertes. Der Aufschluß der Proben für die N-Bestimmung erfolgte mit H_2SO_4; als Katalysator diente Selenreaktionsgemisch nach Wieninger. Die Destillation wurde in der Apparatur nach Dirks vorgenommen. Der Wärmewert ließ sich in der kalorimetrischen Bombe nach Berthelot-Mahler bestimmen.

Die statistische Verrechnung einiger Versuchsergebnisse wurde nach den Richtlinien von LINDER (1951) und WEBER (1957) vorgenommen.

2. Versuchsergebnisse

2.1. Futter-, Protein- und Energieaufnahme

Im Futterverzehr bestanden in beiden Versuchen zwischen den einzelnen Gruppen nur geringe Unterschiede (Tab. 3).

Tabelle 3
Futter-, Protein- und Energieaufnahme (Angaben je Tier)

Versuch	Gruppe	umsetzbare Energie der Ration kcal/kg	Futterverzehr g	Rohproteinverzehr g	Aufnahme Bruttoenergie kcal	Aufnahme umsetzbare Energie kcal
BV 1	I	3386	1918	438	8576	6496
	II	3267	1955	479	8688	6387
	III	3145	2035	497	9017	6391
	IV	2966	1898	463	8347	5629
	V	2829	2042	419	8965	5859
BV 2	I	3391	2089	478	9388	7084
	II	3346	2092	485	9363	6997
	III	3284	2035	482	9033	6685
	IV	3284	2230	482	8990	6673
	V	3190	1996	471	8523	6207

Der abnehmende Gehalt an umsetzbarer Energie im Mischfutter durch den stufenweisen Austausch von Mais durch Gerste bzw. Weizen bedingte dadurch eine von Gruppe I zu Gruppe V gerichtete verminderte Aufnahme an umsetzbarer Energie. Im Verzehr an Rohprotein bestehen zwischen den einzelnen Gruppen fast keine Unterschiede, bedingt durch den annähernd gleichen Rohproteingehalt in den geprüften Rationen.

2.2. Lebendgewicht-, Protein- und Energiezuwachs

Der Austausch von Mais durch Gerste bzw. Weizen verminderte den Lebendgewichtszuwachs, wobei der Abfall beim Ersatz von Mais durch Weizen gegenüber Gerste stärker hervortritt (Tab. 4).

Tabelle 4
Lebendgewichtszunahme, Protein- und Energiezuwachs

Versuch	Gruppe	Anfangsgewicht g	Endgewicht g	Zunahme g	Proteinzuwachs g	Energiezuwachs kcal
BV 1	I	44	937	893	142	1399
	II	45	928	883	164	1422
	III	44	940	896	164	1274
	IV	44	891	847	154	1162
	V	44	894	850	166	1247
BV 2	I	43	1042	999	215	1917
	II	43	1023	980	197	1722
	III	42	1003	961	188	1484
	IV	43	980	937	187	1582
	V	42	924	882	193	1575

Während im Versuch 1 der Proteinzuwachs von Gruppe I zu Gruppe V zunahm, läßt sich diese Aussage für Versuch 2 nicht treffen. Bezüglich des Energiezuwachses zeigen beide Versuche eine Abnahme mit steigendem Anteil an Gerste bzw. Weizen im Mischfutter.

2.3. Verwertung des Futterproteins

Im Aufwand an Futterprotein in Gramm je g Proteinzuwachs der Vergleichsration (100% Mais als Getreideanteil) bestehen zwischen beiden Versuchen (BV 1 und BV 2) nicht unbedeutende Unterschiede (Tab. 5). Sie können als genetisch bedingtes unterschiedliches Ansatzvermögen des Tiermaterials gedeutet werden; denn die Haltungsbedingungen waren in beiden Versuchen gleich. Als Mittel des BV 1 und BV 2 errechnete sich eine Proteinretention von 40,36%, und der

Tabelle 5
Verwertung des Futterproteins in der Broilermast in Abhängigkeit vom umsetzbaren Energiegehalt und vom Verhältnis Protein: umsetzbarer Energie der Ration

Versuch	Gruppe	umsetzbarer Energiegehalt der Ration kcal/kg	Rohprotein: umsetzbarer Energie 1:	Eiweißansatz %	Nahrungsprotein %
BV 1	I	3386	149	35,76	16,16
	II	3267	135	34,24	16,76
	III	3145	130	35,21	13,81
	IV	2966	119	32,01	15,52
	V	2869	113	32,50	3,24
BV 2	I	3391	150	44,97	21,71
	II	3346	145	40,46	21,55
	III	3284	140	39,31	21,73
	IV	3284	138	39,32	20,47
	V	3190	133	39,97	18,19

Anteil des Nahrungsproteins vom verzehrten Futterprotein betrug 18,93%. Aus den Werten beider Versuche lassen sich Einflüsse des Gehaltes an umsetzbarer Energie und des Verhältnisses Rohprotein: umsetzbarer Energie im Mischfutter auf die Verwertungskoeffizienten feststellen. Mit Ausnahme der Gruppe IV ergibt sich für den BV 1 die Aussage, daß der Anteil an Nahrungsprotein bei der Verwendung von Gerste als Getreideanteil im Mastfutter beträchtlich vermindert wurde. Diese gleiche Feststellung, nur nicht so stark ausgeprägt, muß auch für den BV 2 beim Ersatz des energiereichen Maises durch den energieärmeren Weizen gemacht werden.

2.4. Verwertung der Futterenergie

Von der Bruttoenergie des Futters wurden im Mittel beider Versuche (Mischung 1) 18,7% und von der umsetzbaren Energie 25,0% im Tierkörper angesetzt (Tab. 6). Für den menschlichen Verzehr errechnete sich eine kalorische Ausbeute von 9,2

Tabelle 6

Energieansatz und Ausbeute an Nahrungsenergie in Abhängigkeit vom Energiegehalt und vom Verhältnis+ Protein: umsetzbarer Energie der Ration

Versuch	Gruppe	Bruttoenergie der Ration kcal/kg	umsetzbare energie der Ration kcal/kg	Energieansatz		„Nahrungsenergie“	
				Bruttoenergie %	umsetzbare Energie %	Bruttoenergie %	umsetzbare Energie %
BV 1	I	4471	3386	17,1	22,7	8,4	11,0
	II	4443	3267	16,4	22,5	8,6	11,5
	III	4431	3145	15,1	21,4	6,8	9,5
	IV	4398	2966	13,4	19,6	7,3	11,1
	V	4389	2869	14,3	21,8	6,4	9,7
BV 2	I	4494	3391	20,2	27,4	10,1	13,2
	II	4477	3346	19,3	24,7	9,4	12,5
	III	4438	3284	16,5	22,4	9,7	13,2
	IV	4425	3284	17,8	23,8	8,8	11,9
	V	4380	3190	18,0	25,0	8,1	11,0

+ Das Verhältnis Rohprotein : umsetzbarer Energie in den geprüften Rationen (BV 1 und BV 2) ist aus Tab. 5 zu ersehen.

bzw. 12,1%. Der Ersatz des Maises durch Gerste oder Weizen führte zu einer Reduzierung der angesetzten Kalorien und der für Nahrungszwecke verwertbaren Kalorien. Der Kalorienansatz bzw. der prozentuale Anteil an für Nahrungszwecke verwertbaren Kalorien ist jedoch nicht mit der Höhe des Maisanteils in der Futterration korreliert.

2.5. Ergebnisse der Ausschlachtung und der Fleischanalysen

Der Anteil des bratfertigen Rumpfes eines durchschnittlich 1000 g schweren Mastkükens beträgt 65,5%, der Ertrag an eßbarem Fleisch vom bratfertigen Rumpf 50,7% (Tab. 7). Als gesamter verwertbarer Anteil (eßbares Fleisch vom bratfertigen Rumpf und verwertbare Innereien) ergab sich ein Wert von 56,0%. Die angegebenen Daten sind das Mittel der Gruppen I beider Versuche.

Tabelle 7

Ergebnisse der Ausschlachtung des BV 1 und BV 2 (Durchschnittswerte in % des Leergewichtes)

Versuch	Gruppe	Gesamtabfall %	bratfertiger Rumpf %	Fleisch %	Knochen %	verwertbare Organe %	gesamter verwertbarer Anteil %
BV 1	I	28,7	65,8	49,9	15,9	5,5	55,4
	II	29,5	65,1	48,1	17,0	5,4	53,5
	III	29,7	64,7	47,9	16,8	5,6	53,5
	IV	30,3	63,7	48,6	15,1	6,0	54,6
	V	31,2	63,0	47,2	15,8	5,8	53,0
BV 2	I	29,1	65,3	51,6	14,3	5,1	56,6
	II	29,7	65,3	51,3	14,0	5,0	56,3
	III	28,8	66,3	51,9	14,4	4,9	56,8
	IV	30,3	64,8	50,4	14,5	4,9	55,3
	V	31,0	64,5	49,3	15,2	4,5	54,0

Einen Einfluß übte die Zusammensetzung der Futterration auf den Anteil des bratfertigen Rumpfes, den Fleischertrag und den Gesamtabfall an dem Leergewicht aus.

Die Ergebnisse der Fleischuntersuchungen sind in Tab. 8 zusammengestellt.

Tabelle 8

Ergebnisse der Rohprotein- und Wärmewertbestimmung des Fleisches (Angaben bezogen auf Trockenmasse)

Versuch	Gruppe	umsetzbare Energie der Ration kcal/kg	Rohprotein: umsetzbarer Energie 1:	Rohproteingehalt %	Wärmewert cal/g
BV 1	I	3386	149	66,2	6942
	II	3267	135	69,7	6611
	III	3145	130	73,6	6708
	IV	2966	119	75,3	6541
	V	2869	113	76,5	6434
BV 2	I	3391	150	68,2	6296
	II	3346	145	75,7	6281
	III	3284	140	73,7	6242
	IV	3284	138	76,5	6129
	V	3190	133	74,3	6126

Für die Gruppe I der beiden Versuche ergab sich ein durchschnittlicher Rohproteingehalt von 67,2% und ein Wärmewert von 6618 cal/g. Der Rohproteingehalt und der Wärmewert des wasserfreien Fleisches wurden durch die Zusammensetzung der Ration beeinflußt. Eine Verminderung des Gehaltes an umsetzbarer

Energie und eine damit bedingte Verengung des Verhältnisses von Rohprotein: umsetzbarer Energie im Futter durch den Austausch von Mais durch Gerste bzw. Weizen erhöhte in der Regel den Rohproteingehalt und erniedrigte den Wärmewert des Fleisches. Es wurde geprüft, ob diese Beziehungen für den BV 1 linear sind (Tab. 9).

Tabelle 9

Korrelation zwischen dem Verhältnis Rohprotein: umsetzbarer Energie (x) des Futters und dem Rohproteingehalt (y) sowie dem Wärmewert (y) von Geflügelfleisch

Korrelation zwischen dem Verhältnis Rohprotein: umsetzbarer Energie des Futters (x) und:	B	P
Rohproteingehalt in % Y = 110,2 – 0,294 x	0,95	<0,01
Wärmewert in cal/g Trockenmasse (y) Y = 4983 + 12,83 x	0,89	<0,05

2.6. Diskussion der Ergebnisse und Vergleich mit anderen Tierarten

Vom verzehrten Futterprotein fanden wir durchschnittlich 40,4% (Durchschnittswert der Gruppen I des BV 1 und des BV 2) als retiniertes Protein beim ♂ Broilerküken der Rasse White-Rock im Wachstumsabschnitt 0–8 Wochen und einem durchschnittlichen Endgewicht (nüchtern) von 989 g wieder. Die Ausbeute an Nahrungsprotein betrug durchschnittlich 18,9%. Die aufgenommene Brutto- bzw. umsetzbare Energie wurde zu durchschnittlich 18,7% bzw. 25,0% im Körper angesetzt. Als Anteil an Nahrungsenergie ergaben sich 9,2% von der Brutto- und 12,1% von der umsetzbaren Energie. Die mitgeteilten Werte sind das Mittel der Gruppen I des BV 1 und des BV 2.

Aus den Versuchsergebnissen von LEHMANN (1927) ließ sich ein Ansatzquotient von 29,2% für das aufgenommene Futterprotein errechnen. Nach ZAUSCH (1963) retinierten wachsende ♂ Küken der Rasse White-Rock 45% des zugeführten Proteins. Dieser Wert stimmt sehr gut mit unserem Befund im BV 2 (Gruppe I) überein. Beide Werte weichen aber erheblich von dem aus den Versuchsergebnissen von LEHMANN errechneten Ansatzwert für das aufgenommene Futterprotein ab. Das dürfte wahrscheinlich auf das höhere Ansatzvermögen der von ZAUSCH und uns benutzten Mastrassen zurückzuführen sein. Angaben über den Anteil des Nahrungsproteins waren der Literatur nicht zu entnehmen, so daß Vergleiche mit unseren Ergebnissen nicht möglich waren.

Von der verzehrten Futterenergie erscheinen nach LEHMANN (1940) 14,3 bis 18,1% im Ansatz wieder. Die große Schwankungsbreite muß auf ein rassebedingtes unterschiedliches Verwertungsvermögen zurückgeführt werden. ZAUSCH (1963) berichtet von einem Veredlungsverlust der Futterenergie von durchschnittlich 78%. Zwischen den Angaben beider Autoren und unserem Ergebnis (Gruppe I im BV 2) besteht eine gute Übereinstimmung, wenn der Höchstwert von LEHMANN, ermittelt an Rhodeländern, zugrunde gelegt wird. Über die Ausbeute an für Nahrungszwecke verfügbarer Energie in der Broilermast konnten in der Literatur keine Angaben gefunden werden.

Im Vergleich zur Mastente und Mastgans retiniert das Mastküken einen erheblich höheren Anteil des aufgenommenen Futterproteins (Tab. 10).

Tabelle 10

Ansatz des Futtereiweißes und der Futterenergie sowie die Ausbeute an Nahrungseiweiß und Nahrungsenergie bei verschiedenen Geflügelarten

Geflügelart	Versuchs-ansteller	Eiweiß-ansatz %	Nahrungs-eiweiß %	Energie-ansatz %	„Nahrungs-energie" %
Masthähnchen bzw. Broiler	eigene Ergebnisse:				
	BV 1 (Gr. I)	35,8	16,2	17,1	8,4
	BV 2 (Gr. I)	45,0	21,7	20,2	10,1
	LEHMANN (1927)	24,5	–	14,3–18,1	–
	ZAUSCH (1963)	45,0	–	22,0	–
Mastenten	LEHMANN (1929)	21,9	12,6	20,0	15,1
Schnellmast-gänse	LEHMANN (1928)	25,4	13,1	23,0	17,2
Schnellmast-puten	LEHMANN (1940)	–	–	17,3	–
Legehennen	BÜNGER (1944)	–	–	–	10–18
	CRASEMANN (1942)	–	–	–	13
	LEHMANN (zit. bei STAHL, 1943)	–	–	–	13

Die Verwertung des Proteins und der Energie ist neben der genetischen Veranlagung von der Zusammensetzung der Ration abhängig. Der Gehalt des Mischfutters an Brutto-, umsetzbarer Energie und an Rohprotein als auch das Verhältnis Rohrprotein : umsetzbarer Energie beeinflussen den Ansatz. Die benutzte Mischung 1 (70% Mais, 16% Erdnußextraktionsschrot, 8% Fischmehl, 3% Futterhefe, 3% DAL-Mineralstoffgemisch) entsprach in ihrem Gehalt an Rohprotein, umsetzbarer Energie und im Verhältnis beider Werte zueinander am besten den gestellten Anforderungen an ein Mastfutter für Broiler.

Über den Anteil des Nahrungseiweißes vom verzehrten Futtereiweiß liegen unseres Wissens aus den anderen Zweigen der tierischen Veredlungswirtschaft nur Angaben von GÜTHER (1964) und LEHMANN (zit. bei STAHL, 1943) vor (Tabelle 11).

Im Vergleich mit diesen Werten steht die Broilermast mit der Schweine- und Jungrindermast auf einer Stufe. Milcherzeugung und Eierproduktion zeigen günstigere Verwertungskoeffizienten.

Für die Ausbeute an Nahrungsenergie ergibt sich die Reihenfolge Schweinemast, Milcherzeugung, Jungrindermast, Eierproduktion und Junggeflügelmast. Der hierbei vorgenommene Vergleich zwischen den einzelnen Werten berücksichtigt aber nicht das unterschiedliche Berechnungsverfahren. Während BÜNGER und GÜTHER vom aufgewendeten Futter den Stärkewert errechneten und den Stärkewert mit dem Bruttoenergiegehalt der Stärke multiplizierten, CRASEMANN die verdauliche Energie zur Aufstellung der Energiebilanz benutzte, berechneten wir den Anteil an Nahrungsenergie in % der Bruttoenergie des verzehrten Futters. Eine aufgestellte Verwertungsbilanz in Anlehnung an die Methode von BÜNGER ergibt eine höhere Ausbeute an Nahrungsenergie in der Broilermast (s. Tab. 11).

Tabelle 11

Die Ausbeute an Nahrungseiweiß und Nahrungsenergie bei verschiedenen Nutztiergattungen

Tiergattung	Versuchsansteller	Nahrungs-eiweiß %	Nahrungsenergie %
Milchkühe	BÜNGER (1944)	–	28[1] bzw. 33[2]
	CRASEMANN (1942)	–	31[1] bzw. 33[2]
	GÜTHER (1964)	–	24
	LEHMANN (zit. bei STAHL, 1943)	47	35[2]
Jungrinder	BÜNGER (1944)	–	14–16
	CRASEMANN (1942)	–	21
	GÜTHER (1964)	15–20	12
Mastschweine	BÜNGER (1944)	–	32
	CRASEMANN (1942)	–	28
	GÜTHER (1964)	23[3]	30[3]
Legehennen	BÜNGER (1944)	–	10–18
	CRASEMANN (1942)	–	13
	LEHMANN (zit. bei STAHL, 1943)	32	13
Mastküken	eigenes Ergebnis (BV 2, Gr. I)	22	10[4] bzw. 13[5] bzw. 14[6]

[1] mit Aufzuchtaufwand und Schlachtertrag. – [2] ohne Aufzuchtaufwand und Schlachtertag. – [3] Getreideschnellmast. – [4] in % der Bruttoenergie. – [5] in % der umsetzbaren Energie. – [6] in % der energetisch bewerteten Stärkeeinheit.

Von KIELANOWSKI (1962) wurde der Versuch unternommen, die Erzeugung an eßbarem Protein über die einzelnen tierischen Veredlungszweige nach ihrem Nettoaufwand (Stärkewert des Futters minus der in Stärkewert umgerechneten N-freien Stoffe in den erzeugten Produkten) darzustellen. Seinen Berechnungen kann entnommen werden, daß die Produktion von Schlachtgeflügel neben der Milcherzeugung den geringsten Nettoaufwand erfordert, dagegen die Erzeugung von eßbarem Protein über die Bullen- und Schweinemast ungünstiger ausfällt.

Als Anteil an eßbarem Fleisch vom bratfertigen Rumpf ermittelten wir durchschnittlich 50,7% (Mittel der Gruppe I des BV 1 und BV 2) von dem Leergewicht. Die gesamte verwertbare Ausbeute (Fleisch und Organe) betrug 56,0%.

RADTKE (1962) bestimmte einen gesamten verwertbaren Anteil bei White-Rock-Hähnchen von 54,2% und bei Hähnchen der Rasse Helle Sussex 56,4% von dem Lebendgewicht nach 10 Wochen Mast. Die Hähnchen wiesen hierbei Endgewichte von 1234 g (White Rock) und 1277 g (Helle Sussex) auf. Nach Angaben von

McNally und Spicknall (1955) erbrachten Rhodeländer einen Fleischertrag von 50,5 bis 53,1% des Lebendgewichtes. Peters (1958) gibt einen Gesamtfleischanteil von 58% des Lebendgewichtes an. Auch die mitgeteilten Werte von Gadžiew (1960), Kivimäe (1961) und Uotila (1961) weisen die gleiche Größenordnung auf. Für männliche Mastküken der Kreuzung Cornish ♂ × White Rock ♀ ermittelten wir (1963) einen Fleischertrag von 55,6% und einen verwertbaren Anteil von 59,6% des nüchternen Tieres bei einem Gewicht von 1014 g nach 8wöchiger Mastdauer.

Die mitgeteilten Ertragswerte von Mastküken stimmen gut mit den Befunden an Mastenten überein (Broadbend und Bean, 1952; Raimo, 1954; Rudolph, 1961; unveröffentlichte Arbeiten des Instituts, 1963). Im Vergleich zu anderen Tierarten wird über das Mastküken mit die höchste Fleischausbeute erzielt. Nach Leroy (zit. bei Haring, 1961) beträgt der Anteil der wichtigsten Stücke ohne Knochen bei Mastbullen im Durchschnitt von Rinderrassen verschiedener Typzugehörigkeit und Nutzungsrichtung 35,4 bis 37,2%. Hofmann und Thomas (1957/58) teilten einen Fleischanteil der beiden Schlachthälften von 44,9 und 46,8% für 400 bzw. 500 kg schwere Mastbullen mit. Scheper (1963) ermittelte an Mastschweinen einen Fleischzuwachs von 23,8 bis 42,8% des Gesamtzuwachses.

Der Gehalt der Futterration an umsetzbarer Energie wirkte sich indirekt, d. h. über eine Verminderung des Lebendgewichtszuwachses, und direkt über eine geringfügige Herabsetzung des Fleischanteils am Leergewicht auf den Fleischertrag aus. Das Fleischgewicht des mit der Maisration (Gruppe I, BV 1) gefütterten Tieres betrug 454 g. Dagegen wurde bei der Verfütterung der Gerstenration (Gruppe V, BV 2) nur ein Fleischertrag von 391 g je Hähnchen erzielt, was einen um 15,9% geringeren Ertrag gegenüber dem erstgenannten Wert bedeutet.

Die analytisch ermittelten Werte für den Rohproteingehalt des Fleisches liegen unter den Angaben aus dem Schrifttum (Lehmann, 1940; Mehner und Mitarb., 1962; Scholtyssek, 1961). Als Ursache muß das geringere Schlachtgewicht und die kürzere Mastdauer im Gegensatz zu den höheren Endgewichten bei durchschnittlich 10—12wöchiger Mastdauer der Ergebnisse genannter Autoren angeführt werden. Das Fleisch des bratfertigen Rumpfes vom Mastküken ist energieärmer als das Fleisch von Enten und Gänsen (Lehmann, 1940; Rudolph und und Fritsche, 1962).

Der Rohproteingehalt wie auch der Wärmewert des Fleisches wurden durch die angewandte Fütterung beeinflußt. Eine Herabsetzung des umsetzbaren Energiegehaltes und eine Verengung des Verhältnisses Rohprotein: umsetzbarer Energie des Mischfutters erhöhte den Rohproteingehalt und verminderte den Wärmewert. Rudolph und Fritsche (1962) prüften den Einfluß verschiedener Anteile von Maisschrot im Futter auf das Mastergebnis und den Rohnährstoffgehalt des Fleisches (Keulen) an Mastenten. Der Trockensubstanz- und der Fettgehalt wurden kaum erhöht. Unbeeinflußt blieb aber der Rohproteingehalt durch die unterschiedlichen Maisanteile im Futter. Scott und Mitarb. (1959) erzielten bei verschiedenem Maisanteil im Futter Veränderungen in der Körperzusammensetzung ausgenommener Schlachtenten.

Zusammenfassung

An Küken der Rasse White Rock wurden nährstoffökonomische Untersuchungen unter besonderer Berücksichtigung eines verschiedenen umsetzbaren Energiegehaltes und eines variierenden Verhältnisses Rohprotein: umsetzbarer Energie in der Futterration durchgeführt. Diese Ermittlungen wurden ergänzt durch die Ergebnisse der Ausschlachtungen und der Eiweiß- und Wärmewertbestimmungen des Geflügelfleisches. Auf folgende Ergebnisse wird verwiesen:

1. Das aufgenommene Futterprotein wurde durch das Mastküken (0—8 Wochen) im Mittel zu 40,4% angesetzt. Der Anteil des verwertbaren Nahrungsproteins am verzehrten Protein betrug 18,9%.
2. Die Herabsetzung des umsetzbaren Kaloriengehaltes des Futters sowie die dadurch bedingte Verengung des Verhlätnisses Rohprotein: umsetzbarer Energie verminderte den Eiweißansatz und die Ausbeute an Nahrungsprotein.
3. Die aufgenommene Brutto- und umsetzbare Energie wurde durch das Mastküken im Mittel zu 18,7 bzw. 25,0% angesetzt. Als Anteil an verwertbarer Nahrungsenergie ließen sich 9,2% von der Brutto- und 12,1% von der umsetzbaren Energie ermitteln.
4. Die Verwertungskoeffizienten für den Energieansatz und den Anteil an verwertbarer Nahrungsenergie wurden bei einer Verminderung des umsetzbaren Energiegehaltes der Futtermischung (Ersatz von Mais durch Gerste bzw. Weizen) und dadurch bedingter Verengung des Verhältnisses Rohprotein: umsetzbarer Energie ungünstig beeinflußt.
5. Die Fleischausbeute beim Mastküken betrug durchschnittlich 50,7% und der Anteil des gesamten verwertbaren Ertrages 56,0%. Diese Ergebnisse konnten bei einem durchschnittlichen Endgewicht (nüchtern) von 985 g und einem Alter von 8 Wochen erreicht werden.
6. Der Fleischertrag verminderte sich beim Ersatz von Mais durch Gerste bzw. Weizen als Getreideanteil im Mischfutter nicht unbedeutend.
7. Das untersuchte Geflügelfleisch vom bratfertigen Rumpf wies einen Rohproteingehalt von 67,2% und einen Wärmewert von 6619 cal/g in der Trockensubstanz auf.
8. Die Verminderung des Energiegehaltes erhöhte den Rohprotein- und reduzierte den Kaloriengehalt des Fleisches. Es bestanden signifikante Beziehungen zwischen dem Verhältnis Rohprotein zu umsetzbarer Energie und dem Rohproteingehalt und dem Wärmewert des Fleisches (BV 1).

Резюме

На цыплятах породы Withe Rock исследовалось использовани е протеина и энергии корма. В среднем всех опытов было удержано 40,4% кормового протеина. Доля пищевого протеина, могущего быть использованным человеком, составляла всего 18,9%. От полученной брутто энергии было использовано 18,7%, а от обменной — 25%. Калорий, используемых человеком, было лишь 9,2% или 12,1%. Использование белка и энергии зависит от содержания обменной энергии в кормовом рационе и от соотношения сырого протеина и обменной энргеии. Исследованное мясо готового к жарению туловища птицы содержало 67,2% сырого протеина и 6619 калорий на грамм сухого вещества.

Summary

The utilization of absorbed fodder energy and fodder protein was determined with chicken of the White Rock breed. Some 40.4% of the absorbed fodder protein were retained in the average of all tests. The portion of nutritive protein useful for human beings was only 18.9%. Some 18.7% of the absorbed gross energy and 25% of the metabolizable energy were retained, with usable calcories being only 9.2% or 12.1%, resp. The utilization of protein and energy would depend on the metabolizable energy content in the fodder ration as well as on the ratio between crude protein and metabolizable energy. The tested poultry meat of the carcass ready to cook had a crude protein content of 67.2% and a fuel value of 6619 cal. per gramme dry matter.

Literatur

BROADBEND, M.; BEAN, S. W.: The yield of edible meat from turkeys, ducklings, and different market classes of chickens. Poultry Sci. 31 (1952), S. 447ff

BÜNGER, H.: Die Ausbeute der Nährstoffe des Futters bei verschiedenen Tiergattungen und Erzeugungsrichtungen in der Veredlungswirtschaft. Züchtungskde. 19 (1944), S. 109ff

CRASEMANN, E.: Gegenwartsprobleme der Tierernährung. Mitt. auf d. Gebiet der Lebensmitteluntersuchung und Hygiene 33 (1942), S. 1ff

GÜTHER, W.: Untersuchungen über die Ökonomie der Nährstoffe bei der Werbung und Konservierung des Futters und bei der Verwertung der Futternährstoffe in der Tierproduktion. Ergebnisse einer Futter-, Nährstoff- und Leistungskontrolle. Jena, Friedrich-Schiller-Univ., Diss., 1964

HILL, F. W.; ANDERSON, D. L.; RENNER, R.; CAREW, Jr. L. B.: Studies on the metabolizable energy of grain products for chickens. Poultry Sci. 39 (1960), S. 573ff

HOFMANN, F.; THOMAS, E.: Vergleichende Untersuchungen über die Mast- und Schlachtleistung sowie Futterverwertung von Jungbullen der Rasse des Höhenfleckviehes und der Kreuzung rotbuntes schwedisches Niederungsvieh × Höhenfleckvieh. Wiss. Z. der Friedrich-Schiller-Univ. Jena, Math.-Nat. Reihe 7 (1957/58), S. 323ff

KIELANOWSKI, J.: Objektive Voraussetzungen einer langfristigen Planung der tierischen Produktion. Arch. f. Tierernähr. 12 (1962), S. 17ff

KIVIMÄE, A.: Uppfödningsförsök med slaktkycklingar. I. Statens Husdjursförsök, Meddelande Nr. 76, (1961)

LEHMANN, F.: Aufgaben und Ziele der Geflügelmast. Arch. f. Geflügelkde. 1 (1927), S. 213ff

LEHMANN, F.: Die Mast von Junggänsen. Arch. f. Geflügelkde. 2 (1928), S. 293ff

LEHMANN, F.: Über Jungentenmast. Arch. f. Geflügelkde. 3 (1929), S. 1ff

LEHMANN, F.: Beiträge zur Theorie der Junggeflügelmast. Arch. f. Kleintierzucht 1 (1940), S. 273ff

LEHMANN, F.: Zit. bei Stahl in: Der Futterwert von Zuckerrüben und Rübenblatt in der Schweinehaltung. Z. f. Schweinehalt. (1943), 10/11

LEROY, A. M.: Zit. bei Haring, F. (1961) in: Nachkommenschaftsprüfung auf Mastleistung und Schlachtwert auch beim Rind. Mitt. der DLG (1960), S.-A.

LIEBSCHER, W.: Die Wirkstoffe in der Ernährung der landwirtschaftlichen Nutztiere. 3. Aufl., 1960 Verl. Carl Gerolds Sohn Wien

LINDER, A.: Statistische Methoden. 2. Aufl., 1951 Basel, Birkhäuser-Verlag

McNALLY, E. H.; SPICKNALL, N. H.: Meat yield from live, dressed and eviscerated Rhode Island Red chickens during growth and at maturity. Poultry Sci. 34 (1955), S. 145ff

PETERS, G. H.: Ausschlachtungsversuche bei Geflügel unterschiedlicher Gewichtsklassen unter besonderer Berücksichtigung verschiedener Hühnerrassen und Geflügelarten. Arch. f. Geflügelkde. 22 (1958), S. 170ff. u. 240ff

RADTKE, H.: Untersuchungen über die Schlachtleistung bei White Rock und Hellen Sussex Hähnchen in Abhängigkeit einiger Körpermaße und -gewichte. Diplomarbeit Jena, Friedrich-Schiller-Univ., 1962

RAIMO, R. P.: Die Pekingenten als Fleischproduzenten. Ref. in: Arch. f. Geflügelkde. 18 (1954), S. 215ff

RUDOLPH, W.: Untersuchungen zur Frage des Schlachtwertes von Geflügel. 1. Der Einfluß des Lebendgewichtes auf Ergebnisse der Ausschlachtung bei 9 Wochen alten Pekingerpeln. Arch. f. Geflügelzucht und Kleintierkde. 10 (1961), S. 94ff

RUDOLPH, W.; FRITSCHE, H.: Untersuchungen zur Frage des Schlachtwertes von Geflügel. 2. Der Einfluß verschiedener Maisanteile im Futter auf Mastergebnisse, Fleisch- und Fettbeschaffenheit bei Pekingenten. Arch. f. Geflügelzucht und Kleintierkde. 11 (1962), S. 179ff

SCHEPER, J.: Über die Bedeutung des täglichen Gesamt-, Fleisch- und Fettzuwachses für das Fleisch/Fett-Verhältnis beim Schwein. II. Wechselseitige Beziehungen und Beeinflussung der Merkmale. Züchtungskde. 35 (1963), S. 114ff

SCHOLTYSSEK, S.: Moderne Junghennenfütterung. Dt. Wirtschaftsgeflügelzucht 8 (1956), S. 389

SCOTT, M. L.; HILL, F. W.; PARSONS, Jr. E. H.; BRUCKNER, J. H.: Studies on duck nutrition. 7. Effect of dietary energy: protein relationships upon growth, feed utilization and carcass composition in market ducklings. Poultry Sci. 38 (1959), S. 497ff

o. V.: Unveröffentlichte Arbeiten des Instituts für Tierernährung Jena, 1962/63

UOTILA, I.: Paistipoikaskokeita. Maatalous ja Koetoiminta 16 (1962), S. 195ff

WEBER, E.: Grundriß der biologischen Statistik. 3. überarb. und erw. Aufl. Jena, VEB Gustav Fischer-Verl., 1957

ZAUSCH, M.: Untersuchungen zum Stoff- und Energieumsatz wachsender Tiere (nach Versuchen an wachsenden Hähnchen). Halle—Wittenberg, Martin-Luther-Univ., Habil.-Schrift, 1963

Aus dem Institut für Tierernährung und Landwirtschaftliche Chemie der Universität Rostock
(Komm. Direktor: Doz. Dr. agr. habil. SIEGFRIED POPPE)

SIEGFRIED POPPE

Über die Herstellung und den Futterwert von Federmehl

Eingegangen: 11. 8. 1964

Mit der sich ständig erhöhenden Erzeugung tierischer Produkte in unseren sozialistischen Landwirtschaftsbetrieben vermehrt sich auch der Anfall von Abfallstoffen, die teilweise durch die Industrie verwertet werden können. In zunehmendem Maße werden aber Abfallstoffe, wie Maschinenleimleder, Rindskopfhäute (sog. Masken), andere Haut- und Fellabfälle sowie ein großer Teil der Schlachtfedern der Geflügelanstalten von der Industrie nicht mehr verarbeitet. All diese Abfallstoffe sind durchweg sehr eiweißreich, so daß sich die Frage, ob diese Substanzen evtl. für Futterzwecke eingesetzt werden können, geradezu aufdrängt. Wir stellten uns daher die Aufgabe, aus diesen Abfallstoffen Futtermittel herzustellen, die ihrer Konsistenz nach auch für den Einsatz in der Mischfutterindustrie geeignet sind. Diese Forderung muß erhoben werden, da die meisten dieser Abfallstoffe sehr einseitige Proteinzusammensetzungen aufweisen, die am günstigsten über die Mischfutterproduktion aufgehoben werden können. Eine weitere Forderung, die an die Verarbeitung solcher Produkte gestellt werden muß, ist, ein einfaches Verfahren zu entwickeln, welches ohne große Investitionen vielerorts in der Republik zur Anwendung kommen kann, damit nicht allzu große Transportwege entstehen.

In dieser Mitteilung soll zunächst über die Herstellung und den Futterwert von Federmehl berichtet werden.

Herstellungsverfahren

In der Literatur finden sich einige Hinweise über die technische Herstellung von Federmehl. Im wesentlichen sind die verschiedenen Verfahren, wie sie von den einzelnen Autoren angegeben werden, (zit. nach SCHIGAJEWA, 1961) gleich. Sie unterscheiden sich lediglich durch die Dauer der „Hydrolyse" und den angewandten Druck. Federmehl wird im allgemeinen durch eine 20—60 min lang dauernde Behandlung mit Dampf bei Druckverhältnissen von 0,96—4,2 atü gewonnen. Das erhaltene Produkt wird dann anschließend zerkleinert.

Wir gingen bei der Erarbeitung der Verfahrenstechnik von den in den Tierkörperbeseitigungsanstalten üblichen Verfahren aus und modifizierten es dem Rohstoff Federn entsprechend. Wir fanden, daß eine Aufschlußdauer der Federn im Extraktor von 60 min bei Temperaturen von 120 °C und etwa 3,5—4,0 atü ausreichend ist, um ein Produkt mit hoher Verdaulichkeit zu erhalten. Anschließend an diesen Druckaufschluß werden die Federn im Extraktor getrocknet (etwa 2,5—3^h) und nach Abkühlen des Produktes gemahlen. In unseren Versuchen, die wir in der TKBA Kussewitz, Betriebsteil Kritzmow, durchführten, wurden für den Aufschluß der Federn keinerlei Zusätze verwendet, wenn es sich um nasse Schlachtfedern handelte. Werden die Federn getrocknet zur Verarbeitung gebracht, ist ein geringer Wasserzusatz notwendig. Günstig wirkt sich auch ein geringer Fettzusatz aus, der aber nicht zu hoch bemessen werden darf, weil sonst die Trocknungsdauer unnötig verlängert wird. Das Fertigprodukt sollte nicht mehr als 8% Fett insgesamt enthalten.

Chemische Zusammensetzung des Federmehls

Federmehl ist ein Eiweißfuttermittel und daher interessierte naturgemäß der Rohproteingehalt dieses Produktes am meisten. Wir fanden bei unseren Untersuchungen Rohproteingehalte, die zwischen 76 und 84% lagen. Wesentlich größere Schwankungen ergaben sich bei der Ermittlung des verdaulichen Rohproteins durch künstliche Verdauung mit Pepsin und HCl. Bei den obengenannten Proben fanden wir Werte, die zwischen 23 und 71% verd. Rohprotein lagen. Wahrscheinlich sind diese Schwankungen vor allem durch die Bestimmungsmethodik verursacht. Wie Kramp mitteilt, konnte die künstliche Verdaulichkeit von Federmehl wesentlich erhöht werden, wenn der peptischen noch eine tryptische Verdauung angeschlossen wurde.

Aus der Literatur (Schigajewa, 1962) sind Hinweise bekannt, daß die Verdaulichkeit des Federmehls abhängig ist vom Druck beim Aufschluß der Federn. Wir untersuchten dieses Problem an einer Federmehlprobe, die eine Verdaulichkeit von rd. 50% hatte. Dieses Federmehl wurde 3 h im Autoklaven bei 4 atü behandelt. Die erhaltenen Ergebnisse sind in der folgenden Tabelle wiedergegeben.

Tabelle 1

	Rohprotein %	verd. Rohprotein %
Federmehl	83,79	42,13
autoklaviertes Federmehl	82,99	41,99

Es konnte also keine Verbesserung der künstlichen Verdaulichkeit erreicht werden. Harms und Goff (1957) und Popow (1962) machen einige Angaben über den Aminosäuregehalt des Federmehlproteins.

Betrachtet man den Lysingehalt und den Gehalt an S-haltigen Aminosäuren, so wird augenscheinlich, daß das Federmehl außerordentlich wenig Lysin und relativ viel S-haltige Aminosäuren enthält. Diese einseitige Aminosäurezusammensetzung muß beim Einsatz des Federmehls unbedingt beachtet werden. Es eignet sich sicher gut zur Aufwertung von Proteinen, die wenig S-haltige Aminosäuren enthalten, wie beispielsweise die Futterhefe.

Zum Futterwert des Federmehls

In einem Versuch mit 210 zehn Tage alten Küken einer Kreuzung Leghorn × New Hampshire sollten Angaben über den Futterwert des Federmehls gewonnen wer-

Tabelle 2
Aminosäuregehalt des Federmehlproteins (in % des Rohproteins)

Aminosäuren	nach HARMS u. GOFF, 1957	nach POPOW, 1962	*
Lysin	1,76	1,6	1,4
Methionin	0,58	0,6	0,4
Cystin	3,55	2,8	3,0
Valin	7,45	8,9	–
Arginin	6,41	7,3	–
Tryptophan	0,66	0,7	–
Threonin	4,51	4,7	–
Leucin	8,48	8,5	–
Isoleucin	4,33	6,4	–
Phenylalanin	4,31	5,5	–
Histidin	0,46	0,4	–

* Diese Analysen wurden freundlicherweise von Herrn Dr WÜNSCHE, Oskar-Kellner-Institut Rostock, mikrobiologisch ermittelt.

Tabelle 3
Versuchsrationen

	Ration I (vollwertig)	Ration II (pflanzl. Eiweiß)	Ration III (vollwertig mit Federmehl)	Ration IV (33% des RP als Federmehlprot.)
Grundmischung (Getreide)	77,5	76,0	81,0	84,7
Fischmehl	5,0	–	3,0	–
Trockenmagermilch	1,0	–	1,0	–
Sojaextraktionsschrot	7,0	10,0	5,0	2,5
Erdnußexpeller	–	3,0	–	–
Sonnenblumenextraktionsschrot	3,0	4,0	2,0	–
Rapsextraktionsschrot	3,5	4,0	2,0	2,5
Federmehl	–	–	3,0	7,3
Wirkstoffkonzentrat	1,0	1,0	1,0	1,0
Mineralstoffgemisch	2,0	2,0	2,0	2,0
Rohprotein in % der TrS	22,32	20,93	23,24	21,33
Lysingehalt (errechnet) %	0,97	0,76	0,81	0,57
S-haltige Aminosäuren (errechnet) %	0,71	0,60	0,68	0,65

den. Der Versuch dauerte 30 Tage und wurde in Batterien durchgeführt. Die in Tab. 3 aufgeführten Versuchsrationen wurden jeweils an 2 Kükengruppen zu 15 Tieren verfüttert.

Die Rationen II und IV wurden außerdem noch mit synthetischen Aminosäuren ergänzt.

Wenn man mit einem Aminosäurebedarf der Küken von 1,0% Lysin und 0,7% S-haltigen Aminosäuren rechnet, wie er von vielen Autoren (POPOW, 1962) angegeben wird, so ist zu erkennen, daß nur die Ration I diesen Ansprüchen genügt. Augenscheinlich wirkt bei der Ration IV das Lysindefizit, welches durch den hohen Federmehlanteil verursacht wird.
In der Tab. 4 ist der Futterverbrauch und der Zuwachs der einzelnen Versuchsgruppen dargestellt.

Tabelle 4
Futterverbrauch und Zuwachs

	Durchschnittliche Tageszunahme in g	Durchschnittlicher Futterverzehr pro Tag in g	Futterverbrauch	
			pro 100 g Zuwachs in g TrS	relativ zur Ration I
Ration I	9,32	25,52	273,8	100,0
Ration II	7,42	24,13	325,2	118,8
Ration II + 0,15% l-Lysin + 0,10% Methionin	7,97	21,65	271,6	99,2
Ration III	7,60	22,34	293,9	107,3
Ration IV	3,63	18,97	522,6	190,9
Ration IV + 0,2% l-Lysin	6,09	23,57	387,0	141,3
Ration V + 0,35% l-Lysin	6,94	20,28	292,2	106,7

Die günstigsten Kennziffern weist die Gruppe, die Ration I verzehrte, auf. Ebenso günstig gestaltete sich die Futterrohverwertung bei der Ration II (nur pflanzl. Protein), wenn sie durch Zusatz synthetischen Lysins und Methionins den Bedarf der Küken an diesen Aminosäuren decken konnte. Eine noch günstige Futterrohverwertung kann bei der Ration III, die 3% Federmehl enthält, konstatiert werden. Wird aber der Federmehlanteil auf 33% des gesamten Rohproteins der Ration erhöht, so verschlechtert sich die Futterrohverwertung außerordentlich infolge der ungünstigen Aminosäurezusammensetzung des Federmehlproteins. Durch steigende Lysinzulagen wird die Futterrohverwertung verbessert, und sie erreicht bei Zulage von 0,35% Lysin die gleichen Werte wie bei der Ration III.

Am Ende des Versuches wurden aus jeder Gruppe 6 Tiere hydrolysiert und einer N-Bestimmung unterzogen, um einige Angaben über den N-Ansatz machen zu können. Die Ergebnisse dieser Untersuchungen sind in Tab. 5 zusammengefaßt.

Auch aus dieser Tabelle ist eindeutig ersichtlich, daß der N-Ansatz bei der Ration IV durch Zugabe von Lysin ganz erheblich gesteigert wird. Im N-Ansatz bleibt die Ration IV + 0,35% l-Lysin nur knapp hinter der vollwertigen Ration I zurück. Man kann deshalb wohl die Meinung vertreten, daß Federmehl durchaus günstig von den Tieren verwertet wird, wenn die Aminosäurezusammensetzung der Ration so ausbilanziert wird, daß sie dem Bedarf der Tiere entspricht. Das muß nicht

Tabelle 5
N-Ansatz

	N-Ansatz in g	N-Ansatz in % vom aufgenommenen N	PER*
Ration I	8,89	32,54	1,64
Ration II	6,87	28,32	1,47
Ration III + 0,15% l-Lysin + 0,10% Methionin	7,49	34,14	1,74
Ration III	7,57	30,37	1,46
Ration IV	3,21	17,24	0,93
Ration IV + 0,2% l-Lysin	–	–	1,18
Ration V + 0,35% l-Lysin	6,57	31,14	1,58

* PER = Proteinwirkungsverhältnis (Protein efficiency ratio). Darunter versteht man die Zunahme je Gramm verzehrtes Eiweiß

unbedingt mit synthetischen Aminosäuren geschehen, man kann den gleichen Effekt auch erreichen, wenn die Ration einigermaßen vielseitig zusammengesetzt ist und wenn der Federmehlanteil 3% der Ration nicht übersteigt. Dieser Standpunkt wird von vielen Versuchsanstellern immer wieder betont (LILIE u. a., 1956; WILDER u. a., 1955).

Ein weiterer Versuch wurde in ähnlicher Anordnung durchgeführt, um den Einfluß eines zusätzlichen Autoklavierens auf den Futterwert des Federmehls festzustellen. Wie diese Probe behandelt wurde, ist bereits weiter oben beschrieben worden. Die 10 Tage alten Küken erhielten die in der Tab. 6 angeführten Rationen.

Tabelle 6
Versuchsrationen

	Ration I (Kontrolle)	Ration II Federmehl
Grundmischung*	72,3	77,7
Fischmehl	4,5	–
Rapsextraktionsschrot	4,0	4,0
Sojaextraktionsschrot	7,0	3,0
Sonnenblumenextraktionsschrot	5,2	3,0
Erdnußextraktionsschrot	4,0	2,0
Federmehl	–	7,3
Mineralstoffgemisch	2,0	2,0
Wirkstoffkonzentrat	1,0	1,0
Rohprotein in % der Tr. S.	21,40	21,90
Lysingehalt (errechnet) %	0,97	0,66
S-haltige Aminosäuren (errechnet) %	0,59	0,57

* Die Grundmischung besteht aus 50% Zuckerschnitzel und 50% Getreide.

Das Federmehl in der Ration II ist also für eine Kükengruppe autoklaviert worden und wurde bei einer weiteren Gruppe noch durch 0,25% l-Lysin ergänzt. In der Tab. 7 sind die Ergebnisse dieses Versuches zusammengestellt.

Tabelle 7
Futterverbrauch und Zuwachs

	Futter	Zunahmen	Futterverbrauch	
			pro 100 g Zuwachs in g Tr. S.	relativ Kontrolle = 100
Kontrolle	31,85	11,34	280,9	100,0
Federmehl	22,84	6,16	370,8	132,0
Federmehl (autoklaviert)	22,25	5,90	377,1	134,2
Federmehl (autoklaviert) + 0,25 l-Lysin	23,35	7,27	311,3	110,8

Aus der Tabelle ist ersichtlich, daß zwischen der Gruppe Federmehl und Federmehl (autoklaviert) praktisch kein Unterschied besteht, so daß in diesem Falle die Aufschlußdauer für die Federn im Extraktor der TKBA offensichtlich ausreichend war. Es ist interessant, daß in diesem Versuch durch den Zusatz von l-Lysin zum Federmehl im relativen Futterverbrauch pro g Zuwachs etwa das gleiche Ergebnis wie im 1. Versuch erreicht werden konnte.
Insgesamt darf festgestellt werden, daß Federmehl ein fütterungswürdiges Produkt ist und sich auf Grund seines hohen Eiweißgehaltes und der Aminosäurezusammensetzung als wertvolle Komponente für unser Geflügelmischfutter eignet. Es müßte deshalb unter allen Umständen angestrebt werden, die anfallenden Schlachtfedern gesondert zu verarbeiten, um ein „reines Produkt" — nämlich Federmehl — zu erhalten. Keinesfalls sollten Schlachtfedern unter Konfiskate oder andere Rohstoffe gemischt werden, weil dann auch nicht ein ordnungsgemäßer Aufschluß gewährleistet ist.

Zusammenfassung

Es wird über ein Herstellungsverfahren für Federmehl berichtet. In 2 Kükenversuchen wurde Federmehl in verschieden hohen Anteilen und mit unterschiedlichen Aminosäurezulagen getestet. Als Ergebnis der Untersuchungen wird festgestellt, daß Federmehl ein fütterungswürdiges Produkt ist und auf Grund seines hohen Eiweißgehaltes und der Aminosäurezusammensetzung eine wertvolle Komponente für Geflügelmischfutter darstellt. Es wird empfohlen, Federmehl nur über die Mischfuttermittelindustrie einzusetzen.

Резюме

В статье сообщается о способе приготовления перьевой муки. В двух опытах с цыплятами изучались рационы с различными долями перьевой муки в сочетании с различными добавками синтетических аминокислот. В результате исследований было установлено, что перьевая мука — годный для кормления продукт, который по своему высокому содержанию белка и составу аминокислот являемся ценным компонентом комбикормов для домашней птицы. Предлагается использовать перьевую муку в качестве составной части комбикормов.

Summary

The report is on a method for the production of feather-meal. Different portions of feather-meal with different amino acid additives were investigated in two chicken tests. The result of the test lead to the conclusion that feather-meal is not only suitable for feeding purposes, but also a valuable component in mixed feedstuffs for poultry, due to its high protein content and amino acid composition. It is recommended to introduce feather-meal only through the mixed-feedstoff industries.

Literatur

HARMS, R. H.; GOFF, O. E.: Feather meal in hen nutrition. Poultry Sci. 36 (1957) S. 358

KRAMP, J.: persönliche Mitteilung

LILLIE, R. J.; SIZEMORE, W. E.; DENTON, C. A.: Feather meal in chick nutrition. Poultry Sci. 35 (1956), S. 2

POPOW, J. S.: Aminosäuregehalt der Futtermittel. Moskau, 1962 (russ.)

SCHIGAJEWA, M. L.: Über den Futterwert von Federmehl. Landwirtschaft im Ausland (Viehwirtschaft) 11 (1962), S. 39 (russ.)

WILDER, O. H. M.; OSTBY, P. C.; GREGORY, D. R.: The use of chicken feather meal in feeds. Poultry Sci. 34 (1955), S. 3

Aus dem Institut für Tierernährung der Friedrich-Schiller-Universität Jena
(Direktor: Prof. Dr. ARNO HENNIG)

HEINZ JEROCH und ARNO HENNIG[1]

Untersuchungen über den Eiweißbedarf der Mastenten

Eingegangen: 5. 8. 1964

Während zahlreiche Untersuchungen über den Eiweißbedarf von Mastküken Aufschluß geben, sind die aus der Literatur zu entnehmenden Angaben über den Proteinbedarf der Mastenten sehr lückenhaft und unterschiedlich.

LEHMANN (1929) verwendete 20—30% Eiweißfuttermittel im Entenmastfutter. Auch BÜNGER und Mitarb. (1933), KAUFMANN (1928) und WEINMILLER und NEUNTEUFEL (1927) bevorzugten in Anlehnung an die Untersuchungen von LEHMANN diese hohen Proteingaben. Häufig wird der von FANGAUF und Mitarb. (1955) in Hühnerkükenwuchsprüfungen für diese Tierart ermittelte Rohproteingehalt von 20% im Mischfutter als bedarfsgerechter Anteil im Entenmastfutter empfohlen. Diese Übertragung ist aber auf Grund der Befunde von NEHRING und KNABE (1961) sowie TROITZKAJA und Mitarb. (1936) nicht gerechtfertigt, da die Enten das Rohprotein und die Rohfaser besser ausnutzen. Die Untersuchungen von RUDOLPH (1959) erbrachten auch eindeutig den Beweis, daß 17% Rohprotein im Mischfutter ausreichend sind. Allerdings deuten die Versuchsergebnisse von SCOTT und Mitarb. (1959) noch auf einen geringeren Bedarf hin.

Nachdem unsere vorausgegangenen Untersuchungen an Mastenten (HENNIG u. Mitarb., 1961/62) einen Beitrag zur Frage der Eiweißgqualität lieferten, hielten wir es in Anbetracht der vorhandenen Eiweißlücke für erforderlich zu prüfen, ob die übliche Norm von 17—18% Rohprotein im Mischfutter für Mastenten ohne Beeinflussung der Mast- und Schlachtleistung noch weiter herabgesetzt werden kann.

Da die Aussagekraft des Fütterungsversuches auf Grund der nicht bekannten Zusammensetzung des Zuwachses begrenzt ist (JEROCH, 1964; o. V., 1963), wurden die Untersuchungen durch die Ausschlachtung der Versuchstiere, die Bestimmung des Rohproteingehaltes und Wärmewertes des Fleisches und N-Bilanzversuche ergänzt.

1. Methode

Entsprechend der Aufgabenstellung wurde eine Staffelung des Rohproteingehaltes durch einen unterschiedlichen Anteil an Sojaextraktionsschrot in den Mischungen vorgenommen. Der Eiweißgehalt in der Standardration betrug 18 (Versuch 1) bzw. 17% (Versuch 2) (Tab. 1).

[1] Unter teilweiser Mitarbeit von I. GROTTENDIECK.

Tabelle 1
Versuchsschema

Gruppe	Gehalt an Rohprotein in % in der Ration (berechnet)		Tierzahl je Gruppe	
	Versuch 1	Versuch 2	Versuch 1	Versuch 2
I	18,0	17 0	105	73
II	16,5	15,5	104	73
III	15,0	14,0	105	72
IV	13,0	12,5	104	72

Die Zusammensetzung der einzelnen Rationen ist aus Tabelle 2 zu entnehmen; den Gehalt an Rohprotein, verdaulichem Rohprotein und Gesamtnährstoff vermitteln die Zahlen der Tabelle 3.

Tabelle 2
Zusammensetzung der Futtermischungen

Bestandteile in %	Versuch 1				Versuch 2			
	Mischung				Mischung			
	I	II	III	IV	I	II	III	IV
Maisschrot	20	22	24	26	33	36	38	40
Weizenschrot	19	20	22,5	24	—	—	—	—
Gerstenschrot	20	22	24	26	33	36	39	40
Weizenkleie	15	15	15	15	11	10	10	12
Sojaextraktionsschrot	18	13	6,5	1	15	10	5	—
Futterhefe	3	3	3	3	3	3	3	3
Legapan*	2	2	2	2	2	2	2	2
DAL-Mineralst.-Gem. für Geflügel	3	3	3	3	3	3	3	3

* Vitamin- und Antibiotikakonzentrat (Zusätze je kg Futter: 8000 IE Vitamin A, 1000 IE Vitamin D_3 und 12 mg OTC)

Tabelle 3
Gehalt der Futtermischung an Rohprotein, verdaulichem Rohprotein* und Gesamtnährstoff* (Angaben in %)

	Versuch 1				Versuch 2			
	Mischung				Mischung			
	I	II	III	IV	I	II	III	IV
Rohprotein	18,1	16,5	14,4	12,7	16,8	15,1	13,5	12,0
verd. Rohprotein	14,8	13,4	11,6	10,0	13,6	12,2	10,8	9,4
Gesamtnährstoff	55,4	56,9	58,8	60,5	57,3	59,1	60,6	61,5

* Errechnet unter Benutzung der Verdauungswerte von NEHRING und KNABE (1961).

In die Versuche wurden Pekingentenküken amerikanischer Zuchtrichtung eingesetzt. Das Alter der Küken betrug bei Versuchsbeginn 1—2 Tage. Die Haltung erfolgte in einer für diese Zwecke eingerichteten Legehennenhalle. Ab 3. Versuchswoche stand den Tieren ein begrenzter unbewachsener Auslauf zur Verfügung.

Das Futter wurde nach Bedarf in der 1.—4. Versuchswoche 4mal und später 3mal täglich feuchtkrümelig verabreicht. Frisches Trinkwasser stand den Tieren jederzeit zur Verfügung. Die Erfassung der verzehrten Futtermengen erfolgte in 14tägigen Abständen. In den gleichen Zeitabständen wurde auch die Lebendgewichtsentwicklung der Versuchstiere durch Gruppenwägung verfolgt.

Versuch 1 umfaßte acht (9. 5.—4. 7. 1963) und Versuch 2 neun Wochen (27. 8. bis 29. 10. 1963). Die Verluste betrugen im Versuch 1 in den Gruppen II, III und IV je 1 Tier (1%), in Gruppe I verendete kein Küken. Im Versuch 2 traten folgende Verluste auf: Gruppe I 5 (7%), Gruppe II 2 (3%), Gruppe III 3 (4%) und Gruppe IV 5 Küken (7%). Die höheren Verluste im Versuch 2 gegenüber Versuch 1 hatten ihre Ursache in dem unausgeglichenen und z. T. lebensschwachen Tiermaterial.

Zur Ermittlung der Stickstoffretention wurde mit 4 Tieren jeder Prüfungsgruppe des Versuches 2 ein N-Bilanzversuch nach der üblichen Methode durchgeführt. Der Versuch gliedert sich in 2 Vor- und 2 Hauptperioden, jede Periode umfaßte jeweils 5 Tage. Der erste Bilanzversuch wurde bei einem Alter der Tiere von 20 bis 25 Tagen und der zweite Versuch in der fünften Versuchswoche durchgeführt. Sämtliche Gruppen erhielten die gleiche Futtermenge zugeteilt, sie wurde von der Gruppe mit dem geringsten Verzehr bestimmt.

2. Versuchsergebnisse

2.1. Lebendgewichtsentwicklung

In Tab. 4 wurden die Werte der Lebendgewichtsentwicklung zusammengestellt.

Tabelle 4
Lebendgewichtsentwicklung der Versuchstiere (Angaben je Tier in g)

Versuch	Gruppe	Anfangsgewicht	4-Wochengewicht	8- bzw. 9-Wochengewicht	Zunahme	relativ
1	I	64	864	2408	2344	100
	II	64	1030	2148	2084	89
	III	64	904	2377	2313	99
	IV	64	340	1633	1569	67
2	I	64	730	2378	2314	100
	II	64	713	2292	2228	96
	III	65	727	2536	2471	107
	IV	65	405	1631	1566	68

Eine fütterungsbedingte Wachstumsdepression war in beiden Versuchen erst bei einem Proteingehalt von 12 (Versuch 1) bzw. 12,7% (Versuch 2) im Futter festzustellen ($P < 0,05$).

Der Abfall im Lebendgewichtszuwachs trat in der Gruppe IV gegenüber Gruppe I nach 4 Wochen erheblich stärker in Erscheinung als am Versuchsende. Dieser Unterschied läßt sich mit den höheren Ansprüchen der Küken sowohl an die Quantität als auch an die Qualität des Futtereiweißes im ersten Wachstumsabschnitt erklären (HENNIG u. Mitarb. 1961/62). Zwischen den Gruppen I, II und III bestanden im Lebendgewichtszuwachs (Versuchsende) keine signifikanten Unterschiede. Die Minderzunahme von Gruppe II gegenüber den Gruppen I und III im Versuch 1 und die geringe Mehrzunahme von Gruppe III im Vergleich zu den Gruppen I und II (Versuch 2) stehen nicht in Beziehung zur angewandten Fütterung. Sie wurden erst in den letzten Versuchswochen festgestellt und beruhen, da unsortierte Küken in den Versuchen zum Einsatz gelangten, wahrscheinlich auf einem ungleichen Erpel- und Entenanteil in diesen Gruppen (RUDOLPH, 1960/61).

SCOTT und Mitarb. (1959) ermittelten bei Verwendung von nur pflanzlichen Proteinträgern im Mastfutter einen Rohproteingehalt von 16% im Futter als ausreichend. Selbst eine weitere Herabsetzung des Proteingehaltes auf 12,5%, aber unter Beibehaltung des gleichen umsetzbaren Energie:Protein-Verhältnisses wie in den Rationen mit höherem Proteingehalt, ergab keine Verschlechterung im Zuwachs. Dagegen erachtet RUDOLPH (1959) einen Rohproteingehalt von 17% bei einem Fischmehlanteil von 5% im Mastfutter zur Erzielung optimaler Mastleistungen als notwendig. In einer weiteren von uns durchgeführten Beispielsfütterung an einer größeren Tierzahl und mit einem Rohproteingehalt von 14% im Mastfutter konnte bestätigt werden, daß 14% Rohprotein als ausreichend angesehen werden können.

2.2. Futterverzehr und Futteraufwand

Die Angaben über den Futterverzehr und den Futteraufwand sind der Tab. 5 zu entnehmen.

Mit der Abnahme des Rohproteingehaltes im Mischfutter erhöhte sich der Futterverzehr in den Gruppen II und III, dagegen war er in Gruppe IV geringer. Der

Tabelle 5
Futterverzehr und Futteraufwand (Angaben je Tier)

Versuch	Gruppe	Futterverzehr g	Aufwand an verd. Rohprotein in g/100 g Zunahme	Verwertungszahl
1	I	7638	48	180
	II	8547	55	233
	III	8563	43	218
	IV	6471	41	249
2	I	9499	56	235
	II	9691	53	257
	III	10189	44	250
	IV	7608	46	299

Mehrverzehr der Gruppen II und III gegenüber der Gruppe I betrug im Versuch 1 jeweils 12%; Gruppe IV verzehrte 15% weniger Futter. Die Relativwerte der Futteraufnahme im Versuch 2 in der Reihenfolge von Gruppe I zu Gruppe IV sind 100, 102, 107 und 80. Der geringere Futterverzehr von Gruppe IV gegenüber Gruppe I ist signifikant ($P < 0,05$). Als Folge des Mehrkonsums an Futter war der Aufwand an Gesamtnährstoff/100 g Zunahme in den Gruppen II und III um 29 bzw. 21% im Versuch 1 und um 9 bzw. 6% im Versuch 2 im Vergleich zur Gruppe I höher. Ebenfalls wurde in der Gruppe IV beider Versuche, bedingt durch die starke Depression des Lebendgewichtszuwachses, ein erheblicher Mehraufwand an GN/100 g Zuwachs im Vergleich zur Gruppe I festgestellt. Die insgesamt schlechtere Futterausnutzung aller Prüfungsgruppen im Versuch 2 gegenüber Versuch 1 hat ihre Ursache in der um eine Woche verlängerten Mastzeit. Diese Maßnahme war notwendig auf Grund der nicht zufriedenstellenden Entwicklung der Versuchstiere in den ersten beiden Mastwochen.

2.3. Ausschlachtung und Fleischanalyse

Die Herabsetzung des Rohproteingehaltes im Mastfutter von 18,1 bzw. 16,8% (Gruppe I) auf 14,4 bzw. 13,5% (Gruppe III) wirkte sich nicht nachteilig auf die Schlachtleistung aus (Tab. 6). Der gesamte verwertbare Anteil je Tier erhöhte sich geringfügig von Gruppe I zu III, war aber in Gruppe IV geringer als in Gruppe I.

Tabelle 6

Ergebnisse der Ausschlachtung (Versuch 2, Durchschnittswerte von 5 Tieren je Gruppe in % des Schlachtgewichtes)

	Gruppe			
	I	II	III	IV
Schlachtgewicht in g	2194	2147	2275	1412
Gesamtabfall	29,2	28,9	27,5	29,9
Verwertbare Organe und Fettanteil	7,9	8,6	8,5	9,7
Bratfertiger Rumpf	62,9	62,5	64,0	60,4
Fleisch	52,7	52,9	54,1	50,0
Knochen	10,2	9,6	9,9	10,4
Fleisch:Knochen-Verhältnis	5,2:1	5,5:1	5,5:1	4,8:1
Gesamter verwertbarer Anteil (Fleisch, verwertbare Organe und Fettanteil)	60,6	61,5	62,6	59,7

Die Werte der Trockensubstanz-, Rohprotein- und Wärmewertbestimmung im verwertbaren Fleisch sind in Tab. 7 zusammengefaßt.

Mit Abnahme des Rohproteingehaltes im Mischfutter ging eine Erhöhung im Trockensubstanzgehalt des Fleisches einher. Dieser Befund resultiert aus dem von Gruppe I zu Gruppe IV zunehmenden Wärmewert und fallenden Rohproteingehalt des Fleisches. Da bei der angewandten Fütterung der Lebendgewichtszuwachs der Gruppen I bis III fast gleich ist, läßt sich die veränderte Zusammen-

Tabelle 7
Ergebnisse der Fleischanalysen (Durchschnittswerte)

Gruppe	Trockensubstanz %	Rohprotein* %	Wärmewert* cal/g
I	42,2	30,7	7976
II	47,1	30,0	8154
III	48,5	29,5	8174
IV	50,9	24,7	8343

* Bezogen auf 100% Trockensubstanz.

setzung des Fleisches nur auf die von Gruppe I zu Gruppe III erhöhte GN- und verminderte Proteinaufnahme zurückführen. Diesbezügliche Parallelen zum eigenen Befund sind aus den Arbeiten von SCOTT und Mitarb. (1959) an Enten, BERKOWITSCH (1960), DONALDSON und Mitarb. (1958), FRAPS (1943), HILL und DANSKY (1954), HILL und Mitarb. (1956) und JEROCH (1964) an Küken zu entnehmen. SCOTT und Mitarb. (1959) errechneten eine negative Korrelation zwischen dem Verhältnis Rohprotein: umsetzbarer Energie im Futter und dem Eiweiß- und Fettgehalt des Tierkörpers.

2.4. Ergebnisse der N-Bilanzversuche

Die versuchstechnisch notwendige Nivellierung der Futterzuteilung für alle Prüfungsgruppen bedingte eine abgestufte Protein- bzw. Stickstoffaufnahme von Gruppe I zu Gruppe IV (Tab. 8).

Tabelle 8
Ergebnisse der N-Bilanz (Durchschnittswerte je Tier und 5-Tage-Periode)

Periode	Gruppe	N-Aufnahme in g	N-Ausscheidung in g	N-Ausscheidung in %*	N-Ansatz in g	N-Ansatz in %*	N-Bilanz Gruppe I = 100**
1	I	28,5	17,2	60,4	11,3	39,6	100
	II	25,7	13,5	52,5	12,2	47,5	108
	III	23,0	13,6	59,1	9,4	40,9	83
	IV	20,4	13,1	64,2	7,3	35,8	65
2	I	43,4	28,3	65,2	15,1	34,6	100
	II	39,1	24,3	62,1	14,8	37,9	98
	III	35,1	22,4	63,8	12,7	36,2	84
	IV	31,0	20,3	65,5	10,7	34,5	71

* Bezogen auf die Aufnahme in der Gruppe.
** Bezogen auf die absoluten N-Ansatzwerte.

In beiden Perioden retinierten die Küken der Gruppe II den höchsten Anteil vom aufgenommenen Nahrungsprotein. Während der N-Ansatz in % zur N-Zufuhr in den Gruppen I und III gleich war, lag die prozentuale Ausnutzung des Futter-N in Gruppe IV (Periode 1) unter dem Wert der Gruppe I. Die Abnahme der Proteinaufnahme von Gruppe I zu Gruppe IV hatte einen verminderten Proteinansatz in den Gruppen III und IV zur Folge.

Zusammenfassung

An Mastenten (Pekingenten amerikanischer Zuchtrichtung) wurde geprüft, ob der Rohproteingehalt im Mischfutter ohne Beeinträchtigung des Mastergebnisses reduziert werden kann. Zur Verfütterung gelangten im Versuch 1 Diäten mit 18,1; 16,5; 14,4 und 12,7% und im Versuch 2 mit 16,8; 15,1; 13,5 und 12,0% Rohprotein. Der Eiweißfutteranteil bestand ausschließlich aus pflanzlichen Proteinträgern. Auf folgende Ergebnisse wird verwiesen:

1. Der Futterverzehr erhöhte sich mit fallendem Proteingehalt des Mischfutters mit Ausnahme in der niedrigsten Proteinstufe.
2. Im Lebendgewichtszuwachs bestanden zwischen den Gruppen I (18,1 bzw. 16,5% Rohprotein) bis III (14,4 bzw. 13,5% Rohprotein) keine signifikanten Unterschiede. Mit allen drei Proteinstufen wurden die an Mastenten zu stellenden Zuwachsleistungen erzielt. Die Verfütterung der Getreideration, ergänzt mit 3% Futterhefe (Gruppe IV), führte zu einer Minderzunahme von 33 (Versuch 1) bzw. 32% (Versuch 2).
3. Den geringsten Aufwand an Gesamtnährstoff/100 g Lebendgewichtszuwachs wies in beiden Versuchen die Gruppe I auf. Er erhöhte sich geringfügig in den Gruppen II und III, beträchtlich in Gruppe IV gegenüber Gruppe I.
   Der Aufwand an Rohprotein je 100 g Lebendgewichtszunahme nahm von Gruppe I zu Gruppe IV ab.
4. Die Schlachtleistung wurde durch die Herabsetzung des Rohproteingehaltes im Mischfutter nicht nachteilig beeinflußt. In der Zusammensetzung des verwertbaren Fleischanteils wurden aber Veränderungen in Richtung eines erhöhten Trockensubstanzgehaltes, eines erhöhten Wärmewertes und geringfügig verminderten Rohproteingehaltes von Gruppe I zu Gruppe IV festgestellt.
5. Im N-Ansatz bestanden zwischen den Gruppen I und II praktisch keine Unterschiede; der Ansatz je Tier in Gruppe III fiel gering, in Gruppe IV beträchtlich ab. Der höchste prozentuale Ansatz des aufgenommenen Futter-N wurde mit einem Rohproteingehalt von 15,1% (Gruppe II) im Mischfutter erzielt.
6. Den Versuchsergebnissen kann entnommen werden, daß der Rohproteingehalt im Entenmastfutter ohne Beeinträchtigung der Mast- und Schlachtleistung von 17 auf 15% herabgesetzt werden kann.

Резюме

В двух опытах с откормочными утками (пекинской породы американского направления разведения) были испытаны кормовые рационы с дифференцированным содержанием сырого протеина (опыт 1: 18,1; 16,5; 14,4 и 12,7%. Опыт 2: 16,8; 15,1; 13,5 и 12,0%). Доля белковых кормов состояла из содержащих протеин растений. С уменьшением содержания протеина в смешанном корме поедание кормов повысилось; исключением является рацион с наименьшим содержанием протеина. При рационах, содержавших лишь 12,7 и 12,0% сырого протеина, в развитии живого веса показалась депрессия в 33 и 32% по сравнению с оптимальными привесами в других подопытных группах.

Наименьшая затрата перевaримых питательных веществ на 100 г привеса отмечалась в каждом случае в группе с наивысшим содержанием протеина в смешанном корме. В противоположность этому затрата сырого протеина на 100 г привеса понизилась с уменьшающимся содержанием протеина в кормовом рационе. На убойное качество различные рационы не повлияли. Самый высокий процент использования азота корма был установлен при 15,1 %-ном содержании сырого протеина в смешанном корме.

Summary

Rations with staggered crude protein content were investigated in two tests with fattening ducks (Pekin ducks of American breed), with the rations being 18.1, 16.5, 14.4, and 12.7% in the first test, and 16.8, 15.1, 13.5, and 12.0% in the second test. The protein portions in the feedstuff consisted of vegetable protein carriers. The feedstuff consumption increased as the protein content of the mixed feed decreased, with an exception for the lowest protein stage. The live-weight increase, when compared to the optimum increases in the other test groups, showed a depression by 33 or 32%, resp., only when diets with 12.7 or 12.0%, resp., of crude protein were given. The lowest input of total nutrients per 100 g increase was, in any case, observed in the group which was given the highest protein content in the mixed feed. The crude protein expenses per 100 g increase decreased together with decreasing protein content. The carcass dressing percentage was not influenced by the feedstuff. The maximum absorption percentage of feedstuff nitrogen was obtained from a crude protein content in the mixed feed of 15.1%.

Literatur

BÜNGER, H.; WERNER, A.; BRANDENBURG, H: Mastversuch mit Jungenten. Tierernähr. 5 (1933), S. 140 u. 507

BERKOWITSCH, J.: Der Einfluß von Antibiotikazusätzen, des Energie- und Proteinniveaus sowie einiger weiterer Faktoren der Fütterung auf das wachsende Huhn. Zürich, Univ., Diss., 1960

DONALDSON, W. E.; COMBS, G. F.; ROMOSER, G. L.: Studies on energy levels in poultry rations. 3. Effect of calorie-protein-ratio of the ration on growth, nutrient utilization and body composition of poults. Poultry Sci. 37 (1958), S. 614

FANGAUF, R.; KLEIN, F. W.; v. BARLÖWEN, G.: Die Höhe des Proteinanteiles im Aufzuchtfutter für Hühnerküken. Arch. Geflügelkde. 19 (1955), S. 358

FRAPS, G. S.: Relation of the protein, fat, and energy of the ration to the composition of chickens. Poulty Sci. 22 (1943), S. 421

HENNIG, A.; JEROCH, H.; RUBISCH, R.: Untersuchungen über den Einsatz von Ackerbohnen in der Entenmast. Jb. d. AGF 4 (1961/62), S. 382

HILL, F. W.; DANSKY, L. M.: Studies of the energy requirements of chickens. 1. The effect of dietary energy level on growth and feed consumption. Poultry Sci. 33 (1954), S. 112

HILL, F. W.; CAREW, Jr., L. B.; ROMOSER, R. O. A.: Studies of the relation of energy-protein balance to the efficiency of energy utilisation by the chick. Poultry Sci. 35 (1956), S. 1147

JEROCH, H.: Untersuchungen über den Eiweiß und Energieansatz beim wachsenden Küken. Jena, Univ., Diss., 1964

KAUFMANN, P.: Beiträge zur Kenntnis der Ernährung des Gefügels. Arch. Geflügelkde. 2 (1928), S. 65 u. 97

LEHMANN, F.: Über die Jungentenmast. Arch. Geflügelkde. 3 (1929), S. 1

NEHRING, K.; KNABE, U.: Die Verdaulichkeit verschiedener Futterstoffe bei Enten. Arch. Geflügelkde. 25 (1961), S. 263

RUDOLPH, W.: Beiträge zur Frage des Eiweißbedarfes von Mastenten. Berlin, Univ., Diss., 1959

RUDOLPH, W.: Der Einfluß des Geschlechtes auf das Mastergebnis von Jungenten. Jb. d. AGF 3 (1960/61), S. 306

SCOTT, M. L.; HILL, F. W.; PARSONS, Jr., E. H.; BRUCKNER, J. H.; DOUGHERTY, E.: Studies on chick nutrition. 7. Effect of dietary energy: protein relationships upon growth, feed utilization and carcass composition in market ducklings. Poultry Sci. 38 (1959), S. 497

TROITZKAJA, A. G.; DANILOWA, A. K.; PALINOWA, K. J.: Die Verdaulichkeit der Futtermittel bei Enten. Tierernähr. 8 (1936), S. 69

o. V. Unveröffentlichte Arbeiten des Instituts für Tierernährung Jena, 1963

WEINMILLER, L.; NEUNTEUFEL, G.: Entenschnellmast. Arch. Geflügelkde. 1 (1927), S. 404

Aus dem Institut für Tierernährung und Landwirtschaftliche Chemie der Universität Rostock
(Komm. Direktor Doz. Dr agr habil. SIEGFRIED POPPE)

SIEGFRIED POPPE

Über die Anwendung von Diäthylstilboestrol in der Kaninchenhaltung

Eingegangen 24. 6. 1964

Im Rahmen unserer Untersuchungen über die Anwendung von Diäthylstilboestrol in der Nutztiermast entstand die Frage, ob sich bei Kaninchen eine Diäthylstilboestrolapplikation ebenso günstig auf die Erhöhung der Zunahmen auswirkt wie beispielsweise bei Mastrindern. Außerdem sind aus der Literatur Hinweise bekannt, daß Stilboestrolapplikation bei anderen Nutztieren das Fell verstärken soll (BULASCHEWITSCH, 1956). Da aber gerade das Fell beim Kaninchen ein wichtiges, in Spezialbetrieben sicher das wichtigste Produkt der Kaninchenhaltung überhaupt darstellt, hielten wir Untersuchungen, die eventuell auch Aussagen über die Verbesserung der Fellqualität liefern können, für zweckmäßig.
Aus der Literatur ist uns nur die Arbeit von J. F. POPOW und Mitarbeitern (POPOW u. a., 1957) zu diesem Problem bekannt geworden; auch aus diesem Grunde schienen weitere Untersuchungen vorteilhaft.
Wir führten deshalb drei Versuche mit jeweils 20 männlichen Kaninchen durch. Während der einzelnen Versuche wurden folgende Angaben ermittelt:

1. Lebendgewichtszunahmen
2. Futterverzehr
3. Ausschlachtungsergebnisse
4. Fleischanalysen
5. Gewichtsermittlung einiger innerer Organe

Die drei Versuche unterschieden sich durch das verabreichte Grundfutter. So wurde im ersten Versuch neben Heu nur Kraftfutter verfüttert, im zweiten Versuch Trockenschnitzel, Kraftfutter und Heu, im dritten Versuch schließlich wurden Biertreber, Kraftfutter und Heu verfüttert.
Um eine bessere Übersicht zu erlangen, sollen nun diese Versuche getrennt besprochen werden.

Versuch I

Das Diäthylstilboestrol (DÄS) wurde peroral in öliger Emulsion mit dem Futter den Tieren der Versuchsgruppen verabreicht. Wir benutzen dabei Dosen, wie sie auch etwa in der Größenordnung in der Rindermast angewendet werden. Jedes Versuchstier erhielt täglich 100 μg DÄS. Später, ab 50. Versuchstag, wurde diese Menge auf 500 μg erhöht. Der eigentliche Versuch dauerte insgesamt 90 Tage.

Das Durchschnittsgewicht der Tiere beider Gruppen betrug zu Beginn des Hauptversuches 2400 g.

In der folgenden Tabelle 1 sind die Lebendgewichtsentwicklung und die durchschnittlichen Tageszunahmen dargestellt:

Tabelle 1
Lebendgewichtsentwicklung und Tageszunahmen

	Vorversuch	Hauptversuch			
		100 μg DÄS		500 μg DÄS	
		1. bis 30. Tag	31. bis 50. Tag	51. bis 70. Tag	71. bis 90. Tag
Kontrollgruppe					
Lebendgewicht am Ende des Versuchsabschnittes in g	2393	2729	2848	2994	3054
Durchschnittliche Tageszunahme in g	9,6	11,2	5,9	7,3	2,9
Versuchsgruppe					
Lebendgewicht am Ende des Versuchsabschnittes in g	2403	2735	2818	2902	2958
Durchschnittliche Tageszunahme in g	10,6	10,8	4,2	4,1	2,8

Aus der Tabelle ist ersichtlich, daß durch die DÄS-Applikation die Zunahmen der Versuchstiere in den ersten 50 Tagen des Versuches leicht vermindert wurden. Die Versuchstiere nahmen in diesem Zeitraum durchschnittlich 40 g weniger zu als die Kontrolltiere. Bei der Erhöhung der DÄS-Dosis auf 500 μg täglich wurde dieser Effekt noch deutlicher. Während die Kontrolltiere vom 51.—90. Tag des Hauptversuches 206 g zunahmen, wurde das Lebendgewicht bei den Versuchstieren nur um 140 g vermehrt. Es hat sich hier also, vor allem bei den höheren DÄS-Mengen, eine deutliche Wachstumsdepression bemerkbar gemacht, wie sie auch aus Versuchen mit anderen Nagetieren, beispielsweise bei Ratten, nach DÄS-Applikation beobachtet wird. Dabei wird aber der Futterverzehr der Kaninchen nicht so stark beeinflußt, wie das aus Tab. 2 ersichtlich ist.

Sicherlich handelt es sich hier nicht um eine typische Kaninchenration, aber es kam uns darauf an, einmal eine typische Rauh-Kraftfutterration zu testen, wie sie in einigen Ländern bei der Rindermast üblich ist. Die Ration war zu energiereich und führte dadurch wahrscheinlich zu einem verstärkten Fettansatz.

Am Ende des Versuches wurden aus jeder Gruppe 6 Tiere geschlachtet. Dabei wurden folgende Ergebnisse ermittelt (Tab. 3).

Wie aus der Tabelle zu ersehen ist, ergaben sich in der Schlachtausbeute als auch in der Fettmenge, die in der Leibeshöhle gefunden wurde, nur unerhebliche Unterschiede zwischen beiden Gruppen. Es sei erwähnt, daß die in der Leibeshöhle gefundene Fettmenge sehr hoch erscheint und durch die in diesem Versuch angewandte einseitige Kraftfutter-Heuration verursacht wurde.

Tabelle 2
Rationen und Futterverzehr der Versuchstiere

	Vorversuch		Hauptversuch							
			100 µg DÄS				500 µg DÄS			
	Kon-trolle	Ver-such	1.–30. Tag		31.–50. Tag		51.–70. Tag		71.–90. Tag	
			K.	V.	K.	V.	K.	V.	K.	V.
Heu	34,5		44,8		43,6		44,7		45,5	
Mischfutter	53,9		69,1		80,4		79,3		78,4	
Reste	1,3	0,3	3,8	7,4	10,3	15,5	15,1	23,3	26,8	33,8
insgesamt	87,1	88,1	110,1	106,5	113,7	108,5	108,9	100,7	97,1	90,1

Tabelle 3
Ergebnisse der Ausschlachtung

	Lebend-gewicht	ausgeschlachtet		Fett in der Leibeshöhle in g		
	in g	in g	in %	Darm-fett	in der Leibes-höhle	ins-gesamt
Kontrollschlachtung vor dem Versuch	2400,0	1135,0	47,30	–	–	–
Kontrollgruppe	3035,7	1691,0	55,70	68,7	70,5	139,2
Versuchsgruppe	2988,5	1648,7	55,17	71,7	64,3	136,0

Das findet auch bei der Betrachtung der chemischen Analyse des Fleisches seine Bestätigung (Tab. 4).

Tabelle 4
Chemische Zusammensetzung des Fleisches in % von der Frischsubstanz

Gruppe	Wasser	Fett (Ätherextrakt)	Eiweiß (Nx 6,25)	insgesamt
Kontrollschlachtung vor dem Versuch	73,31	3,84	22,81	99,96
Kontrollgruppe	63,43	15,41	20,11	98,95
Versuchsgruppe	65,48	12,15	22,25	99,88

Der Fettgehalt im Fleisch beider Gruppen ist außerordentlich hoch. Deutliche Unterschiede zwischen Versuchs- und Kontrollgruppe sind vor allem beim Fett- und Wassergehalt im Fleisch festzustellen.

Wie bereits erwähnt, wurde das Gewicht einiger Drüsen der Versuchstiere bestimmt.

Tabelle 5
Gewicht einiger Drüsen der Versuchstiere in g

	Hoden	Nebennieren	Hypophyse in mg
Kontrollschlachtung vor dem Versuch	4,91	0,45č	nicht festgestellt
Kontrollgruppe	6,93	0,66č	18,1
Versuchsgruppe	0,78	0,69č	17,8

Das Gewicht der Nebennieren und auch der Hypophysen wurde durch die DÄS-Applikation praktisch nicht beeinflußt. Deutlich ist aber der Effekt des DÄS auf die Hodenentwicklung erkennbar. Die Hodenentwicklung wurde nicht nur gehemmt, sondern ganz erheblich rückläufig beeinflußt. Es liegt hier also ein eindeutiger Kastrationseffekt vor.

Um einen gewissen Anhaltspunkt für die Qualität des Felles, oder besser der Frischhaut, zu bekommen, bestimmten wir bei allen geschlachteten Tieren das Frischhautgewicht und die Hautstärke (6 Messungen pro Tier). In der 6. Tabelle sind diese Ergebnisse zusammengefaßt.

Tabelle 6
Hautgewicht und Hautstärke

	Hautgewicht frisch in g	Hautstärke in mm
Kontrollschlachtung vor dem Versuch	304,0	
Kontrollgruppe	334,7	1,29
Versuchsgruppe	375,7	1,32

Durch DÄS-Applikation wurde demzufolge das Frischhautgewicht um etwa 10% erhöht. Weniger deutlich ist jedoch eine Verstärkung der Haut erkennbar. Es konnte leider nicht eindeutig ermittelt werden, wodurch die Erhöhung des Frischhautgewichtes bedingt ist.

Versuch II

Dieser Versuch unterschied sich vom ersten Versuch lediglich durch die Futterration. Die DÄS-Applikation erfolgte peroral in öliger Emulsion, wobei so dosiert wurde, daß täglich pro Tier 100 μg DÄS verabfolgt werden konnten. Der Versuch bestand aus einem 10tägigen Vorversuch und einem 90 Tage dauernden Hauptversuch. Die Tiere wogen zu Versuchsbeginn durchschnittlich 1630 g.

In der Tabelle 7 ist die Lebendgewichtsentwicklung und die durchschnittlichen Tageszunahmen für die einzelnen Versuchsabschnitte zusammengestellt.

Im Durchschnitt des Versuches erreichten die Versuchstiere um 11% höhere Gewichtszunahme als die Kontrolltiere. Die Kontrolltiere nahmen im Zeitraum des

Tabelle 7
Gewichtsentwicklung der Versuchstiere

	Vorversuch	Hauptversuch			insges.
		1. bis 30. Tag	31. bis 60. Tag	61. bis 90. Tag	1. bis 90. Tag
Kontrollgruppe					
Lebendgewicht am Ende des Versuchsabschnittes in g	1646,0	2261,0	2538,7	2956,5	
Zunahme pro Tag in g	17,65	0,50	9,26	13,93	14,59
Versuchsgruppe					
Lebendgewicht am Ende des Versuchsabschnittes in g	1617,8	2384,0	2691,6	3075,0	
Zunahme pro Tag in g	16,70	25,51	10,26	12,81	16,20

Tabelle 8
Rationen und Futterverzehr der Versuchstiere in g Trockensubstanz (TrS.)

	Vorversuch		Hauptversuch					
			1.-30. Tag		31.-60. Tag		61.-90.Tag	
	Kontrolle	Versuch	K.	V.	K.	V.	K.	V.
Trockenschnitzel	27,7		45,9 č		55,2		54,0	
Mischfutter	27,0		27,4		27,3		27,0	
Heu	27,4		27,4 č		27,3		25,8	
Reste	11,1	14,7	9,3	13,7	13,2	18,6	14,1	11,4
insgesamt	71,0	67,4	91,4	87,0	96,6	91,2	92,7	95,4

Versuches 1310 g zu, während die Versuchstiere 1457 g zunahmen. Dieser Mehrzuwachs wurde in der Hauptsache im ersten Versuchsmonat erzielt.

Bei der Betrachtung des Futterverzehrs ergibt sich praktisch kein Unterschied zwischen beiden Gruppen (Tab. 8).

Im Mittel des Versuches nahmen die Kontrolltiere täglich 90,3 g TrS. und die Versuchstiere 90,2 g TrS. im Futter auf. In diesem Versuch konnte demzufolge ein deutlicher Einfluß des Diäthylstilboestrol auf die Zunahmen der Versuchstiere festgestellt werden.

Am Versuchsende wurden wiederum 6 Tiere jeder Gruppe geschlachtet. Die Ergebnisse der Ausschlachtung sind in Tab. 9 zusammengefaßt.

Aus der Tabelle ist ersichtlich, daß in diesem Versuch Unterschiede in der Schlachtausbeute auftraten. Bezieht man das Darmfett in die Betrachtung mit ein, so verbesserte Diäthylstilboestrol die Schlachtausbeute um fast 2%.

Die chemische Zusammensetzung des Fleisches wird in diesem Versuch durch DÄS-Applikation in Richtung einer Erhöhung des Fettgehaltes und einer Verminderung des Wassergehaltes beeinflußt.

Tabelle 9
Ergebnisse der Ausschlachtung

	Lebendgewicht am Versuchsende in g	ausgeschlachtet in g	ausgeschlachtet in %	Darmfett in g
Kontrollschlachtung vor dem Versuch	1621,0	811,5	50,06	–
Kontrollgruppe	2951,0	1454,8	49,30	–
Versuchsgruppe	3067,5	1544,5	50,35 (51,17)	25,1

Tabelle 10
Chemische Zusammensetzung des Fleisches in % von der Frischsubstanz

Gruppe	Wasser	Fett (Ätherextrakt)	Eiweiß (N × 6,25)	insgesamt
Kontrollschlachtung vor dem Versuch	76,38	2,25	21,25	99,88
Kontrollgruppe	74,55	2,26	22,12	98,94
Versuchsgruppe	71,85	5,06	21,93	98,84

Diese Erscheinung scheint den Ergebnissen des ersten Versuches zu widersprechen. Bei unseren Versuchen mit Ratten (POPPE) konnten wir hinsichtlich des Fettgehaltes eine ähnliche Feststellung treffen: bei höheren DÄS-Gaben verminderte sich der Fettgehalt, während bei niedrigen Dosierungen der Fettgehalt im Fleisch anstieg. Ähnliche Verhältnisse liegen hier vor. Bei hohen DÄS-Dosen (500 µg) verminderte sich der Fettgehalt (1. Versuch), während bei niedrigen Dosen (100 µg) der Fettgehalt im Fleisch anstieg (2. Versuch).
In der folgenden Tab. 11 sind die Gewichte einiger Drüsen dargestellt.

Tabelle 11
Gewicht einiger Drüsen in g

	Hoden	Nebennieren	Hypophyse in mg
Kontrollschlachtung vor dem Versuch	1,03	0,14č	2,2
Kontrollgruppe	6,11	0,28	12,1
Versuchsgruppe	1,21	0,26č	14,0

Das Gewicht der Nebenniere und der Hypophysen werden auch in diesem Versuch durch DÄS-Applikation praktisch nicht beeinflußt. Die Hodengewichte vermindern sich jedoch auf ein Fünftel des Gewichtes der Kontrolltiere. Vergleicht man diese Verminderung mit der im ersten Versuch, so fällt auf, daß dort bei der um das fünffach höheren Dosierung die Hodengewichte auf 10% abgefallen waren. Offensichtlich wird mit steigenden Wirkstoffdosen die Rückentwicklung oder Hemmung des Wachstums der Hoden verstärkt.

Auch in diesem Versuch wurden Ermittlungen über Frischhautgewicht und Hautstärke durchgeführt, die in Tab. 12 zusammengefaßt sind.

Tabelle 12
Hautgewicht und Hautstärke

	Hautgewicht frisch in g	Hautstärke in mm
Kontrollschlachtung vor dem Versuch	177,0	1,01
Kontrollgruppe	427,5	1,03
Versuchsgruppe	481,3	1,06

Wie aus der Tabelle ersichtlich ist, konnte wiederum durch DÄS-Applikation das Hautgewicht nicht unwesentlich gesteigert werden.

Versuch III

Dieser Versuch wurde nach dem selben Schema wie der zweite Versuch durchgeführt, wobei lediglich die Trockenschnitzel in der Ration durch Biertreber ersetzt wurden. Dieser Versuch dauerte ebenso wie die anderen beiden Versuche 100 Tage, einschließlich Vorversuch. In der folgenden Tab. 13 sind die Lebendgewichtsentwicklung und die durchschnittlichen Tageszunahmen für die einzelnen Versuchsabschnitte dargestellt.

Tabelle 13
Lebendgewichtsentwicklung der Versuchstiere

	Vorversuch	Hauptversuch			insges.
		1.bis 30. Tag	31. bis 60. Tag	61. bis 90. Tag	1. bis 90. Tag
Kontrollgruppe					
Lebendgewicht am Ende des Versuchsabschnitts in g	1399,2	1813,3	2101,0	2361,7	
Zunahme pro Tag in g	14,25	13,60	9,59	8,69	10,69
Versuchsgruppe					
Lebendgewicht am Ende des Versuchsabschnitts in g	1408,1	1826,9	2149,4	2497,5	
Zunahme pro Tag in g	14,06	13,96	10,75	11,60	12,10

Die Versuchstiere erreichten im Durchschnitt um 13,2% höhere Zunahmen als die Kontrolltiere. Absolut nahmen die Versuchstiere 127 g mehr zu als die Kontrolltiere, wobei dieser Mehrzuwachs vor allem im zweiten und dritten Versuchsmonat erreicht wurde.

Der Futterverzehr ist in der Tab. 14 dargestellt. Bis zum 60. Versuchstag liegt der Futterverzehr beider Gruppen praktisch auf gleicher Höhe, erst in den

Tabelle 14
Ration und Futterverzehr der Versuchstiere in g TrS.

	Vorversuch		Hauptversuch					
			1.-30. Tag		31.-60.Tag		61.-90.Tag	
	Kontrolle	Versuch	K.	V.	K.	V.	K.	V.
Heu	17,2		12,4		13,4		12,6	
Mischfutter	24,6		23,7		25,9		38,3	
Biertreber	21,8		35,0		60,2		61,1	
Reste	23,8	21,3	18,1	17,7	27,9	23,3	23,5	14,6
insgesamt	39,8	42,3	53,0	53,4	71,6	76,2	88,5	97,4

letzten 30 Versuchstagen nehmen die Versuchstiere ca. 9 g Futtertrockensubstanz mehr als die Kontrolltiere auf. Es konnte also auch in diesem Versuch ein positiver Einfluß des DÄS auf die Zunahmen festgestellt werden.
Wie in den vorangegangenen Versuchen wurden auch hier am Ende des Versuches je Gruppe 6 Tiere geschlachtet. Die Ergebnisse der Ausschlachtung sind in Tab. 15 zusammengefaßt.

Tabelle 15
Ergebnisse der Ausschlachtung

	Lebendgewicht am Versuchsende in g	ausgeschlachtet in g	in %
Kontrollschlachtung vor dem Versuch	1426,7	646,0	45,28
Kontrollgruppe	2367,5	1262,5	53,33
Versuchsgruppe	2492,5	1243,7	49,90

Aus der Tabelle ist zu erkennen, daß erhebliche Unterschiede in der Schlachtausbeute auftraten. Die Versuchsgruppe hatte eine um fast 3,5% niedrigere Schlachtausbeute aufzuweisen als die Kontrollgruppe. Der Vorteil, der durch DÄS-Applikation bei den Lebendgewichtszunahmen erreicht wurde, wird dadurch vollkommen aufgehoben.
Die chemische Zusammensetzung des Fleisches ist aus Tab. 16 ersichtlich.

Tabelle 16
Chemische Zusammensetzung des Fleisches in % von der Frischsubstanz

	Wasser	Rohasche	Rohfett
Kontrollschlachtung vor dem Versuch	75,10	1,10	1,18
Kontrollgruppe	76,67	1,16	1,92
Versuchsgruppe	75,93	1,10	4,25

Durch die DÄS-Applikation wird hier ebenso wie im zweiten Versuch der Fettgehalt um mehr als das Doppelte erhöht.
Die folgende Tab. 17 gibt Auskunft über die Gewichte einiger Drüsen der Versuchstiere.

Tabelle 17
Gewicht einiger Drüsen in g

	Hoden	Nebennieren	Hypophyse in mg
Kontrollschlachtung vor dem Versuch	0,55	0,13	–
Kontrollgruppe	4,89	0,30	20,2
Versuchsgruppe	0,69	0,34	18,8

Wie in den beiden anderen Versuchen wird auch hier durch die DÄS-Applikation das Hodengewicht stark vermindert. Das Gewicht der Nebennieren ist, ebenso wie im ersten Versuch, durch DÄS-Applikation leicht erhöht worden. Es soll hier auf eine eingehende Schilderung des möglichen Wirkungsmechanismus des DÄS auf den tierischen Organismus verzichtet werden, da dies bereits an anderer Stelle geschehen ist (3). Hier sei lediglich vermerkt, daß DÄS offensichtlich bei Kaninchen eine hormonelle Kastration bewirkt.

Wie in den anderen Versuchen wurden am Versuchsende Ermittlungen des Frischhautgewichtes und der Hautstärke durchgeführt (Tab. 18).

Tabelle 18
Hautgewicht und Hautstärke

	Hautgewicht frisch in g	Hautstärke in mm
Kontrollschlachtung vor dem Versuch	133,5	–
Kontrollgruppe	271,8	1,40
Versuchsgruppe	332,5	1,55

Es ergibt sich ein änliches Bild wie in den anderen beiden Versuchen. Durch DÄS-Applikation werden auch im dritten Versuch das Frischhautgewicht und die Hautstärke deutlich erhöht.
Zusammenfassend kann festgestellt werden, daß durch die Applikation von 100 μg DÄS täglich pro Kaninchen eine eindeutige hormonelle Kastration erreicht wurde, wobei der Fettgehalt des Fleisches stark erhöht wurde; außerdem wird durch DÄS-Applikation das Frischhautgewicht und die Hautstärke positiv beeinflußt.
Es sei hier noch darauf verwiesen, daß hormonell kastrierte Kaninchenböcke im Anschluß an einen unserer Versuche in Gruppen gehalten wurden. Die Tiere verhielten sich völlig ruhig, auch dann, wenn Zippen dazu gesetzt wurden. Durch

die 90 Tage dauernde DÄS-Fütterung wurde eine Unterdrückung des Geschlechtstriebes erreicht, die etwa 5—6 Monate anhielt. Danach waren die behandelten Tiere wieder fortpflanzungsfähig. Wir glauben, daß gerade im Zusammenhang mit der Möglichkeit einer Gruppenhaltung von Kaninchen wesentliche Arbeitserleichterungen in größeren Kaninchenhaltungen erreicht werden können.

Zusammenfassung

Es werden drei Versuche beschrieben, in denen der Einfluß oraler DÄS-Applikation auf männliche Kaninchen getestet wurde. Durch die Verabreichung von 100 μg DÄS täglich pro Kaninchen konnte eine starke Verminderung des Hodengewichtes bewirkt werden. Der Fettgehalt des Fleisches stieg an, das Frischhautgewicht und die Hautstärke wurden positiv beeinflußt.

Резюме

В статье сообщается о трех опытах, в которых исследовалось влияние пероральной дачи диэтилстильбэстрола на самцов кроликов.
Оказалось, что при даче 100 мкг диэтилстильбэстрола в день у кролика наблюдается значительное уменьшение массы семенников, повышение содержания жира в мясе и увеличение веса и толщины шкуры.

Summary

Three tests on the influence of oral diethylstilbestrol application on male rabbits are described. The daily application of 100 μg diethylstilbestrol per rabbit gave a considerable decrease of the testicle weights. The fat content of the flesh was increased, while the freshhide weight and the skin strength were positively affected.

Literatur

BÜLASCHEWITSCH, M. E.: Verwendung östrogener Substanzen bei der Mast von Wiederkäuern. Shivotnovodstvo 4 (1956), S. 63 (russ.)

POPOW, N. F.; KURILOW, N. W.; NOWIKOW, W. K.: Die Anwendung von Diäthylstilboestrol zur Steigerung der Produktivität von Kaninchen. Nachr. Landwirtsch. Wiss. 2 (1957), S. 117—119 (russ.)

POPPE, S.: Über den Einfluß von Diäthylstilboestrol und anderen Wirkstoffen auf den Stoffwechsel männlicher Ratten. Arch. Tierernähr. (im Druck)

Seit 1963 erscheinen

„Fortschrittsberichte für die Landwirtschaft“

in denen auf Grund der vorliegenden Literatur die neuesten Forschungsergebnisse und -methoden unter Berücksichtigung des internationalen Höchststandes auf den jeweiligen Fachgebieten zusammenfassend und kritisch dargestellt werden. Die Themen werden in enger Zusammenarbeit mit den Sektionen der Deutschen Akademie der Landwirtschaftswissenschaften zu Berlin ausgewählt und von Fachwissenschaftlern bearbeitet. Die Berichte sollen in erster Linie die auf diesen Gebieten tätigen Wissenschaftler und die leitenden Mitarbeiter der staatlichen Organe sowie der gesellschaftlichen Organisationen über bestimmte Probleme informieren.

Herausgeber:

DEUTSCHE DEMOKRATISCHE REPUBLIK
DEUTSCHE AKADEMIE DER LANDWIRTSCHAFTS-WISSENSCHAFTEN ZU BERLIN
INSTITUT FÜR LANDWIRTSCHAFTLICHE INFORMATION UND DOKUMENTATION · BERLIN

Der Versand der Berichte erfolgt direkt durch das Institut nach einem mit den Sektionen der Deutschen Akademie der Landwirtschaftswissenschaften festgelegten Verteilerplan. Für Interessenten, die in diesem Verteiler nicht enthalten sind, erfolgt die Abgabe auf Wunsch gegen einen Unkostenbeitrag von 5,– MDN pro Heft, soweit es die Auflagenhöhe gestattet.
Fordern Sie unverbindlich den Themenplan aus dem Sie interessierenden Fachgebiet an.

FSC
www.fsc.org
MIX
Papier | Fördert
gute Waldnutzung
FSC® C083411

Zeitfracht Medien GmbH
Ferdinand-Jühlke-Straße 7
99095 Erfurt, Deutschland
produktsicherheit@kolibri360.de